高等职业教育校企合作双元新形态教材

高等职业教育土木建筑类专业系列特色教材

CAD与BIM建模

应用教程

（微 课 版）

主　编　张阿玲

副主编　袁辰雨　任　博　许利利　齐东兰

主　审　王海渊　赵　昕

西南交通大学出版社

·成　都·

图书在版编目（CIP）数据

CAD 与 BIM 建模应用教程：微课版 / 张阿玲主编.
成都：西南交通大学出版社，2025.1. -- ISBN 978-7-
5774-0339-7

Ⅰ. TU201.4；TU205

中国国家版本馆 CIP 数据核字第 2025VA9012 号

CAD yu BIM Jianmo Yingyong Jiaocheng （Weikeban）

CAD 与 BIM 建模应用教程（微课版）

主编　张阿玲

策划编辑	陈　斌
责任编辑	陈　斌
封面设计	何东琳设计工作室

出版发行	西南交通大学出版社
	（四川省成都市金牛区二环路北一段 111 号
	西南交通大学创新大厦 21 楼）
邮政编码	610031
发行部电话	028-87600564　　028-87600533
网址	https://www.xnjdcbs.com
印刷	四川煤田地质制图印务有限责任公司

成品尺寸	185 mm×260 mm
印张	19.75
字数	479 千
版次	2025 年 1 月第 1 版
印次	2025 年 1 月第 1 次
定价	58.00 元
书号	ISBN 978-7-5774-0339-7

课件咨询电话：028-81435775

　　《CAD 与 BIM 建模应用教程》旨在向学生传授运用主流 CAD 软件绘制建筑施工图，以及运用主流 BIM 软件创建土建模型的方法和技巧。本课程要求学生在学习的同时了解 CAD 以及 BIM 技术的核心价值体系与应用领域，熟练掌握 CAD 绘图软件与 BIM 建模软件的操作方法，从而进行实际工程项目的施工图绘制与模型创建。

　　教材分 CAD 与 BIM 上下两篇。CAD 篇以一套小别墅建筑施工图为教学案例，教学内容包括：项目一：CAD 认知；项目二：建筑平面图绘制；项目三：建筑立面图绘制；项目四：楼梯剖面图绘制；项目五：CAD 成果文件输出。BIM 篇以"1+X"建筑信息模型（BIM）职业技能等级考试题为教学案例，教学内容包括：项目六：BIM 认知；项目七：BIM 建模——族创建；项目八：BIM 建模——体量及局部项目；项目九：BIM 建模——综合项目。

　　教材按照建筑工程识图职业技能等级标准、建筑信息模型 BIM 职业技能等级标准及"1+X"建筑信息模型 BIM 职业等级考试真题案例进行编排，将枯燥的软件命令学习融入实例，变为现实的任务，以任务为驱动，很好地体现了工学结合的教学理念，满足了专业技能培养的需要，符合学生学习的特点。

　　教材有效应用信息技术，同步课程"CAD 与 BIM 建模"在学堂在线上线，配有微视频，操作步骤一目了然。本教材建设了立体化教学资源包（微课、课件、案例库、习题库及其答案、教学标准、教案等），是一本典型的"互联网+"新型教材，能有效服务教学内容和教学目的，有利于教师授课和学生开展线上线下学习。

　　本教材由陕西职业技术学院 BIM 教学团队编写以及陕西省交通规划设计研究院赵昕、王海渊主审。其中，张阿玲担任主编，袁辰雨、任博、许利利、齐东兰担任副主编，王海渊担任 CAD 篇主审、赵昕担任 BIM 篇主审。具体编写分工如下：张阿玲编写 CAD 篇项目一、项目二以及 BIM 篇项目六；袁辰雨编写 BIM 篇项目九；任博编写 CAD 篇项目三、项目四、项目五；许利利编写 BIM 篇项目七；齐东兰编写 BIM 篇项目八。全书由张阿玲统稿。

教材在建设过程中，陕西省建筑材料工业学校郭利萍和陈虹参与教材内容的规划和典型案例的筛选等工作，并给予了大力支持与指导。在编写本教材的过程中，编者参考、引用了其他专家、学者的研究成果，在此一并表示深深感谢！

尽管编者在探索教材特色的建设方面做出了许多努力，但由于自身水平有限，教材中仍可能存在不足之处，恳请读者批评指正，并将意见反馈给我们，以便修订时及时完善。

本教材配套在线课程资源，欢迎读者扫描以下二维码加入学习。

学堂在线

编 者

2024 年 9 月

本书数字资源目录

目 录
CONTENTS

第一篇· CAD

第一篇

CAD

项目一

CAD 认知

任务一　AutoCAD 基础知识

AutoCAD 是由美国 Autodesk 公司开发的通用计算机辅助绘图与设计软件包，可以帮助用户绘制和编辑二维和三维图形。在目前的计算机绘图领域，AutoCAD 是使用最为广泛的计算机绘图软件之一，在土木、机械、汽车、地质、航天、纺织等多个领域得到了广泛应用。

AutoCAD 基础知识

一、任务内容

认识 AutoCAD，学习 AutoCAD 软件基础知识。

二、学习目标

（1）了解 AutoCAD 软件的基本功能；
（2）掌握 AutoCAD 基础知识。

三、任务步骤

（一）AutoCAD 软件的基本功能

1. 图形的绘制和编辑

使用 AutoCAD 软件可以绘制直线、构造线、多段线、圆、矩形、多边形、椭圆等基本图形，也可以将绘制的图形转换为面域，对其进行填充，还可以借助编辑命令绘制各种复杂的二维图形。

2. 标注图形尺寸和文字

AutoCAD 软件提供了线性、半径和角度等多种标注类型，可以进行水平、垂直、对齐、旋转、坐标、基线或连续等标注。

文字说明也是图形对象中不可缺少的组成部分，它能够更加清晰地表达图形内容。AutoCAD 软件提供了直接输入及编辑文字的功能。

3.图形输出和打印

AutoCAD 不仅允许将所绘图形以不同样式通过绘图仪或打印机输出，还能够将不同格式的图形导入 AutoCAD 或将 AutoCAD 图形以其他格式输出。因此，当图形绘制完成之后可以使用多种方法将其输出。例如，可以将图形打印在图纸上，或创建成文件以供其他应用程序使用。

（二）启动 AutoCAD

常用"启动 AutoCAD"方式如下：

（1）双击桌面快捷图标；

（2）依次选择"开始"菜单→"所有程序"→"Autodesk"→"AutoCAD"；

（3）双击 AutoCAD 图形文件（扩展名为".DWG"的文件）。

（三）AutoCAD 的工作界面

AutoCAD 的工作界面如图 1.1 所示。

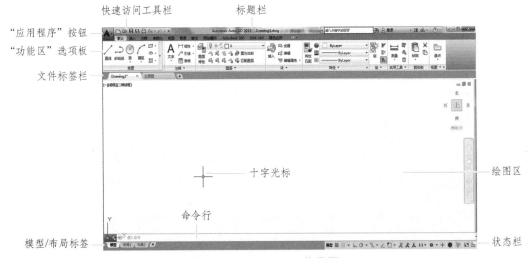

图 1.1　AutoCAD 工作界面

（四）AutoCAD 图形文件管理

图形文件管理包括创建新文件、打开已有文件、保存图形文件等。

1. 常用"新建图形文件"命令启动方式

（1）命令行："New"或"QNEW" ✓（✓表示 Enter 回车键，下同）；

（2）下拉菜单："文件"→"新建"；

（3）快捷键："Ctrl+N"；

（4）"快速访问"工具栏→"新建"按钮；

（5）"应用程序按钮"→"新建"。

2. 常用"打开图形文件"命令启动方式

（1）命令行："OPEN"↙；

（2）下拉菜单："文件"→"打开"；

（3）快捷键："Ctrl+O"；

（4）"快速访问"工具栏→"打开"；

（5）"应用程序"按钮→"打开"。

3. 保存图形文件

（1）命令行："SAVE"↙；

（2）下拉菜单："文件"→"保存"；

（3）快捷键："Ctrl+S"；

（4）"快速访问"工具栏→"保存"按钮；

（5）"应用程序"按钮→"保存"。

注意：① 首次保存选择"另存为"，在弹出的"图形另存为"对话框的"保存于"选择存储路径，在"文件名"中输入文件名，在"文件类型"下拉列表中选择存储版本。② 由于高版本的文件在低版本中打不开，建议在保存文件时选择较低版本的格式保存。

（五）退出 AutoCAD

常用"退出 AutoCAD"方式如下：

（1）命令行："EXIT"或"QUIT"↙；

（2）"应用程序"按钮→"关闭"；

（3）下拉菜单："文件（F）"→"退出"；

（4）单击界面左上角"关闭"按钮；

（5）快捷键："CTRL+Q"。

四、任务总结

通过本次任务的学习，学生了解了 AutoCAD 软件的基本功能，学习了 AutoCAD 基础知识，为后续学习做好准备。

拓展笔记

巩固练习

1. 单选题

（1）AutoCAD 中文版的界面组成，下列选项中不属于的是（　　）。

    A. 命令栏　　　　　　B. 扩展栏　　　　　　C. 属性栏　　　　　　D. 状态栏

（2）AutoCAD 原文件格式是（　　）。

    A. x.dwg　　　　　　B. x.dxf　　　　　　C. x.dwt　　　　　　D. x.dws

（3）AutoCAD 中模板文件的扩展名是（　　）。

    A. CFG　　　　　　B. DWG　　　　　　C. SHX　　　　　　D. DWT

（4）控制 AutoCAD 命令行打开与关闭的组合键是（　　）。

    A. Ctrl+0　　　　　　B. Ctrl+9　　　　　　C. Ctrl+10　　　　　　D. Ctrl+F9

（5）保存一个未命名的图形文件用（　　）。

    A. File/as　　　　　　B. Save as 命令　　　　C. Open　　　　　　D. Qsave

（6）以下设置自动保存图形文件间隔时间的正确操作是（　　）。

    A. 在命令行键入"AUTOSAVE"后回车

    B. 在命令行键入"SAVETIME"后回车

    C. 按组合键"Ctrl+S"

    D. 按功能键"End"

2. 判断题

（1）AutoCAD 是由美国 Autodesk 公司开发的通用计算机辅助绘图与设计软件包，可以帮助用户绘制和编辑二维和三维图形。（　　）

（2）AutoCAD 允许将所绘图形以不同样式通过绘图仪或打印机输出，但不能将不同格式的图形导入 AutoCAD 或将 AutoCAD 图形以其他格式输出。（　　）

（3）AutoCAD 高版本的文件在低版本中可以打开。（   ）

（4）AutoCAD 窗口上的工具条不能全部都关闭，否则将退出 AutoCAD。（   ）

（5）"新建图形文件"命令可以直接按"Ctrl+N"快捷键进行启动。（   ）

参考答案：

1. 单选题

（1）B   （2）A   （3）D   （4）B   （5）D   （6）B

2. 判断题

（1）√   （2）×   （3）×   （4）×   （5）√

任务二   AutoCAD 基本操作

一、任务内容

认识 AutoCAD，学习 AutoCAD 软件基本操作。

AutoCAD 基本操作

二、学习目标

（1）掌握 AutoCAD 的基本操作；

（2）能进行绘图基本环境的设置；

（3）掌握使用 AutoCAD 绘图的相关辅助功能。

三、任务步骤

（一）基本输入操作

1. 命令的输入方式

用户可以采用以下常用三种途径来执行命令：

（1）在菜单栏对应菜单下拉列表选择命令；

（2）在"功能区"选项卡对应面板点击命令按钮；

（3）在命令行输入命令启动。

2. 命令的重复、撤销与重做

（1）重复命令。

作用：快速地启动已经使用过的命令。

常用"重复"命令方式如下：

① 空格键或回车键 Enter（此操作仅重新执行上一个命令）；

② 绘图区域单击鼠标右键→"重复"命令；

③ "命令行"或"文本窗口"单击鼠标右键→"最近使用的命令"。

（2）命令的撤销。

常用"撤销"命令方式如下：

① 命令行："UNDO"或"U" ↙；

② 下拉菜单："编辑"→"放弃"；

③ "快速访问"工具栏→"放弃"。

（3）命令的重做。

作用：恢复"U"命令撤销的操作。

常用"重做"命令方式如下：

① 命令行："REDO" ↙；

② 下拉菜单："编辑"→"重做"；

③ "快速访问"工具栏→"重做"。

（二）坐标系及点坐标的输入

1. 坐标系

在 AutoCAD 中，坐标系分为世界坐标系（WCS）和用户坐标系（UCS）。这两种坐标系下都可以通过坐标（x，y）来精确定位点。

WCS：默认情况下，AutoCAD 构造新图形时将自动使用。

UCS：用户可根据需要创建无限多的坐标系。

（1）"菜单栏"→"工具"→"新建 UCS"；

（2）命令行："UCS" ↙。

2. 点坐标

点坐标可以使用绝对直角坐标、绝对极坐标、相对直角坐标和相对极坐标 4 种方法表示。

（1）点坐标的表示方法。

① 绝对直角坐标：是从点（0，0）或（0，0，0）出发的位移，可以使用分数、小数或科学记数等形式表示点的 X、Y、Z 坐标值，坐标间用逗号隔开。例如点（100，50），表示此点的 X 坐标值为 100，Y 坐标值为 50。

② 绝对极坐标：是从点（0，0）或（0，0，0）出发的位移，但给定的是距离和角度，其中距离和角度用"<"分开，且规定 X 轴正向为 0°，Y 轴正向为 90°，例如点（120<60），表示此点距离原点的长度为 120，点与原点的连线与 X 轴正方向夹角为 60°。

③ 相对直角坐标和相对极坐标：相对坐标是指相对于某一点的 X 轴和 Y 轴位移，或距离和角度。它的表示方法是在绝对坐标表达方式前加上"@"号，如（@ - 200，100）和

（@300<30）。其中，相对极坐标中的角度是新点和上一点连线与 X 轴的夹角。

（2）点坐标的输入。

点坐标的输入方式（见图 1.2）：

① 绝对直角坐标（x，y）；

② 绝对极坐标（$d<\alpha$）；

③ 相对直角坐标（@x，y）；

④ 相对极坐标（@$d<\alpha$）。

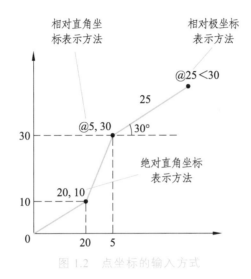

图 1.2　点坐标的输入方式

（三）对象的选择

作用：选择要编辑的对象。

选择方法：

（1）直接点选法：用鼠标左键直接点击需要编辑的图形对象，鼠标点击一次增加一个选择的对象，如图 1.3 所示。

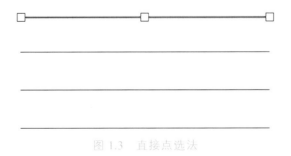

图 1.3　直接点选法

（2）矩形窗口选择法：从左上角往右下角拉出一个实线框，框内的对象会被全部选中，如图 1.4 所示。

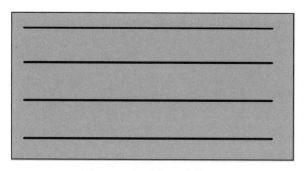

图 1.4 矩形窗口选择法

（3）交叉窗口选择法：从右下角往左上角拉出一个虚线框，框内的对象以及与框相交的对象都会被选中，如图 1.5 所示。

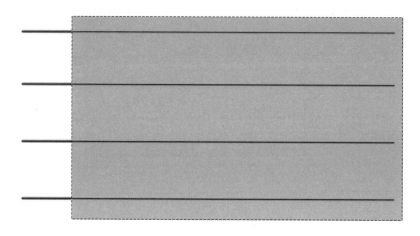

图 1.5 交叉窗口选择法

（四）透明命令

透明命令指在执行其他命令的过程中可以执行的命令，以透明方式使用命令，应在输入命令之前输入单引号（'）。

常用的透明命令包括视图的缩放和视图的平移。

1. 视图缩放

作用：对图形的显示大小进行缩放，便于用户观察、绘制图形。

常用"视图缩放"命令启动方式如下：

① 命令行："ZOOM"或"Z"↙；

② 下拉菜单："视图"→"缩放（Z）"；

③ "缩放"工具栏中的工具按钮。

④ 屏幕快捷菜单：没有选定对象时，在绘图区域单击鼠标右键并选择"缩放（Z）"。

注意：执行"视图缩放"命令时，所绘制图形本身尺寸不改变。

2. 视图平移

作用：在不改变屏幕缩放比例及绘图极限的条件下，移动窗口，从而使图样中的特定部分位于屏幕指定位置，便于观察。

常用"视图平移"命令启动方式如下：

① 命令行："PAN"或"P"↙；

② 下拉菜单："视图"→"平移（P）"；

③ 屏幕快捷菜单：没有选定对象时，在绘图区域单击鼠标右键并选择"平移"。

此外，视图的缩放和平移也可通过鼠标操作实现：

滚轮：向前——放大；向后——缩小，同"实时缩放"；双击——图形最大限度显示，同"范围 E"。

按住滚轮："实时"平移。

（五）绘图辅助功能

为了快捷准确地绘制图形，AutoCAD 提供了多种必要的辅助绘图工具，利用这些工具，可以方便、迅速、准确地实现图形的绘制和编辑，不仅可以提高工作效率，而且能更好地保证图形的质量，如图 1.6 所示。

图 1.6　绘图辅助功能

1. 绘图辅助功能——正交模式

作用：限制鼠标只能沿水平方向或垂直方向移动光标。

执行方式：

（1）命令行："Ortho"↙；

（2）左键单击状态栏中的"正交模式"按钮，即可打开或关闭；

（3）"F8"功能键。

2. 绘图辅助功能——对象捕捉

作用：十字光标可以准确定位在已存在的实体特定点或特定位置上，例如：直线的中点、端点，圆的圆心等。

执行方式：

（1）"对象捕捉"栏相关捕捉模式按钮；

（2）左键单击状态栏中的"对象捕捉"按钮，即可打开或关闭；

（3）"F3"功能键。

【操作实例】绘制如图 1.7 所示的三角形，要求三角形的三个角点需分别通过原有的三个图形对象的圆心、端点和中心。

图 1.7 操作实例

3. 绘图辅助功能——极轴追踪

作用：可按指定角度绘制对象。

执行方式：

（1）在"草图设置"对话框中勾选"启用极轴追踪"；

（2）左键单击状态栏中的"极轴追踪"按钮；

（3）"F10"功能键。

4. 绘图辅助功能——对象捕捉追踪

作用：绘制与其他对象有特定关系的对象。

执行方式：

（1）在"草图设置"对话框中勾选"启用对象捕捉追踪"；

（2）左键单击状态行中的"对象追踪"；

（3）"F11"功能键。

5. 绘图辅助功能——动态输入

作用：可以在工具栏提示中输入坐标值或进行其他操作，而不必在命令行中进行输入，这样可以帮助用户专注于绘图区域。

四、任务总结

AutoCAD 基本操作及绘图的相关辅助功能是使用 AutoCAD 辅助绘制建筑施工图的基础，对于基本的操作，必须熟练掌握。

拓展笔记

1. 单选题

（1）用（　　）命令可以恢复最近一次被 ERASE 命令删除的图元。

    A. UNDO　　　　　　B. U　　　　　　C. OOPS　　　　　　D. REDO

（2）在其他命令执行时可输入执行的命令称为（　　）。

    A. 编辑命令　　　　B. 执行命令　　　　C. 透明命令　　　　D. 绘图命令

（3）取消命令执行的键是（　　）。

    A. 回车键　　　　　B. 空格键　　　　　C. ESC 键　　　　　D. F1 键

（4）哪种坐标输入法需要用@符号？（　　　　）

    A. 极坐标　　　　　B. 绝对坐标　　　　C. 相对坐标　　　　D. 绝对直角坐标

（5）下面哪种捕捉方式可用于捕捉一条线段的中点？（　　　　）

    A. 端点　　　　　　B. 圆心　　　　　　C. 中点　　　　　　D. 象限点

（6）用什么方法删除用户画的最后一个图元的速度最快？（　　　　）

    A. ERASE／L　　　B. U　　　　　　C. UNDO　　　　　D. OOPS

（7）重复执行上一条命令的快捷方式是（　　）。

    A. 按空格键　　　　B. 按 DEL 键　　　C. 按 ESC 键　　　D. 按 F1 键

（8）ESC 键的作用是（　　）。

    A. 取消最近一次执行过的命令　　　　　B. 恢复最近一次被ERASE命令删除的图元

    C. 取消当前输入的命令　　　　　　　　D. 中断图形编辑，退出 AutoCAD

（9）利用窗口方式选择图形对象，是指通过（　　）。

    A. 指定矩形框的两个角点来选择图形对象的方法

    B. 拖动鼠标所产生的矩形来框选图形对象

    C. 拖动鼠标来选择相邻的图形对象

    D. 指定矩形框的 4 个角来选择图形对象的方法

（10）在屏幕上用 PAN 命令将某图形沿 X 方向及 Y 方向各移动若干距离，该图形的坐标将（　　）。

    A. 在 X 方向及 Y 方向均发生变化　　　B. 在 X 方向发生变化，Y 方向不发生变化

    C. 在 X 方向及 Y 方向均不发生变化　　D. 在 Y 方向发生变化，X 方向不发生变化

（11）在 CAD 中，以下（　　）命令可用来绘制横平竖直的直线。

    A. 栅格　　　　　　B. 捕捉　　　　　　C. 正交　　　　　　D. 对象捕捉

（12）（　　）键与 Ctrl 键联用能控制鼠标只能以水平或垂直方式画直线。

    A. Alt　　　　　　B. O　　　　　　　C. Shift　　　　　　D. L

（13）移动圆对象，使其圆心移动到直线中点，需要应用（　　）。

    A. 正交　　　　　　B. 捕捉　　　　　　C. 栅格　　　　　　D. 对象捕捉

（14）AutoCAD 的坐标体系，包括世界坐标和（　　）系。

A. 绝对坐标　　　　B. 用户坐标　　　C. 相对坐标　　　D. 平面坐标

（15）以下哪种相对坐标的输入方法是画 8 个单位的线长？（　　）

A. 8, 0　　　　　B. @0, 8　　　　　C. @0<8　　　　　D. 0, 8

2. 判断题

（1）在 AutoCAD 中，坐标系分为世界坐标系（WCS）和用户坐标系（UCS）。这两种坐标系都可以通过坐标（x, y）来精确定位点。（　　）

（2）点的坐标（@200，100）、（@d<α）都是相对直角坐标。（　　）

（3）在绘图时，一旦打开正交方式 Ortho 后，屏幕上只能画水平线和垂直线。（　　）

（4）执行 ZOOM 操作后，屏幕上观察到的图形变大了，但图形实体的尺寸不变。（　　）

（5）执行 REDO 命令的前提是已经执行过 U 或 UNDO 命令。（　　）

3. 操作题

（1）用点坐标的输入方法绘制边长为 10 mm 的正六边形。

（2）将绘制的正六边形保存到桌面，文件命名为"六边形"。

参考答案：

1. 单选题

（1）C　　（2）C　　（3）C　　（4）C　　（5）C　　（6）C　　（7）A　　（8）C

（9）A　　（10）C　　（11）C　　（12）D　　（13）D　　（14）B　　（15）B

2. 判断题

（1）√　　（2）×　　（3）×　　（4）√　　（5）√

3. 操作题

操作提示：

启动"绘图"→"直线"命令，各点在命令行输入图 1.8 中点 A、B、C、D、E、F 旁的坐标值。

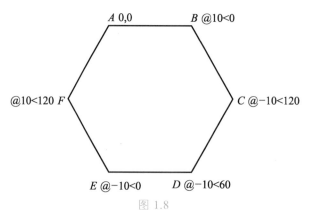

图 1.8

项目二
建筑平面图绘制

任务一　设置绘图基本环境

一般情况下，AutoCAD 安装完成后就可以在其默认状态下绘制图形了，但有时为了提高绘图效率及准确度，在绘图时可设置一些与绘图相关的系统参数，例如设置图形单位、图形界限、创建图层等。

设置绘图基本环境

一、任务内容

（1）为小别墅一层平面图设置系统参数；
（2）为小别墅一层平面图设置图形单位；
（3）为小别墅一层平面图设置绘图界限；
（4）为小别墅一层平面图创建图层。

二、学习目标

（1）能够运用 AutoCAD 软件正确创建图层、设置图形单位、设置绘图界限；
（2）培养学生认真、严谨、细致的学习态度。

三、任务步骤

（一）设置系统参数

命令的启动方式：
（1）命令："Options（Op）" ↙；
（2）菜单：　　→工具→选项。

启用"选项"命令后将弹出"选项"对话框，如图 2.1 所示。可在"显示"选项卡中通过"颜色"按钮修改窗口的颜色显示，通过"字体"按钮修改命令窗口文字字体；通过修改

"十字光标大小"的数值,可控制十字光标的尺寸。

图 2.1 "选项"对话框

在"打开和保存"选项卡的"文件保存"选项中,通过"另存为"可为所绘制的图形文件对象选择一个 AutoCAD 保存版本;在"文件安全措施"选项中,通过"自动保存"用户可以设置文件的自动保存间隔时间,如图 2.2 所示。

图 2.2 "打开和保存"选项卡

注意: AutoCAD 文件保存时一般可选择一个较低版本(如 AutoCAD 2000),这样便于在其他版本中打开。

在"选择集"选项卡中可以设置拾取框大小、夹点尺寸和颜色等,如图 2.3 所示。

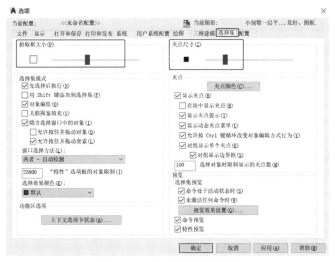

图 2.3　"选择集"选项卡

（二）设置图形单位

用 AutoCAD 创建的所有对象都是根据图形单位进行测量的。在开始绘图前，必须基于要绘制的图形确定一个图形单位代表的实际大小。例如一个图形单位的距离通常表示实际单位的 1 毫米、1 厘米或 1 英寸，等等。

命令的启动方式：

（1）命令："Ddunits"↙或"Units"↙；

（2）菜单：→格式→单位。

执行"单位"命令后将弹出"图形单位"对话框，在该对话框中可设置制图时使用的长度单位、角度单位，以及单位的显示格式和精度等参数。建筑制图中，图形单位的设置一般为：长度类型为"小数"，精度为 0；角度类型为"十进制度数"，精度为 0；单位为"毫米"，如图 2.4 所示。

图 2.4　"图形单位"对话框

（三）设置绘图界限

图形界限就是绘图区域，也称为图限。默认情况下，AutoCAD对绘图范围没有限制，可以将绘图区看作是一幅无穷大的图纸，但为了将绘制的图纸方便地打印输出，在绘图前应设置好图形界限。

命令的启动方式：

（1）命令："Limits"✓；

（2）菜单：▆▆▾→格式→图形界限。

命令启动后，根据命令行提示，输入左下角点坐标和右上角点坐标就定义了制图区域，它确定的区域是选择"视图"→"缩放"→"全部"命令时决定显示多大图形的参数。

小别墅一层平面图可按A3图纸设置图纸的绘图界限。

操作步骤：

选择"格式"→"绘图界限"命令，命令行提示如下：

命令：limits。

重新设置模型空间界限：

指定左下角点或[开（ON）/关（OFF）] <0.0000, 0.0000>: 0, 0//输入左下角点坐标。

指定右上角点<420.0000, 297.0000>: 42000, 29700//输入右上角点坐标。

设置完成后，选择"视图"→"缩放"→"全部"命令，使设置的范围都在绘图区内。

注意：由于本书中建筑平立剖面图都是采用1∶100比例输出图纸，所以A3图纸设置的绘图界限就为 42 000×29 700。

（四）创建图层

图层是 AutoCAD 用来组织、管理图形对象的一种有效工具，在工程图样的绘制工作中发挥着重要的作用。用户可以把图层理解成没有厚度、透明的图纸，一个完整的工程图样由若干个图层完全对齐、重叠在一起形成的。例如，绘制建筑平面图时，可以把轴线、墙体、门窗、文字与尺寸标注分别画在不同的图层上，如果要修改墙体的线宽，只要修改墙体所在图层的线宽即可，而不必逐一地修改每一道墙体。同时，还可以关闭、解冻或锁定某一图层，使该图层不显示或不能对其进行修改。

1. 新建图层

开始绘制新图形时，AutoCAD 将自动创建一个名为"0"的特殊图层。默认情况下，图层"0"将被指定使用7号颜色、Continuous线型、"默认"线宽，用户不能删除或重命名该"0"图层。在绘图过程中，如果用户要使用更多的图层来组织图形，就需要先创建新图层。

常用"建立新图层"命令启动方式如下：

（1）命令行："LAYER"或"LA"✓；

（2）下拉菜单："格式"→"图层（L）"；

（3）图层工具栏：图标▨；

（4）功能区："默认"选项卡→"图层"面板→"图层特性▤▦"。

执行"建立新图层"命令后将弹出"图层特性管理器"对话框，如图 2.5 所示。

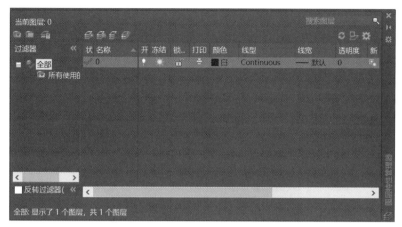

图 2.5　"图层特性管理器"对话框

在"图层特性管理器"对话框中单击"新建图层"按钮 ，可以创建一个名称为"图层1"的新图层。默认情况下，新建图层与当前图层的颜色、线型、线宽等设置相同，用户可以根据需要对图层的名称和图层的线条颜色、线型、线宽等重新进行设置。

2. 设置当前图层

所有 AutoCAD 绘图工作只能在当前图层进行，设置当前图层的方法如下：

（1）在"图层特性管理器"对话框的图层列表中，选择需置为当前的图层后，单击"置为当前"按钮 ，即可将该图层设置为当前层。

（2）在"图层特性管理器"对话框的图层列表中，选择需置为当前的图层后，单击鼠标右键，在弹出的快捷菜单中选择"置为当前"命令，即可将该图层设置为当前层。

（3）在"图层特性管理器"对话框的列表图区双击需要置为当前的图层。

（4）通过"图层"面板实现图层切换，如图 2.6 所示。

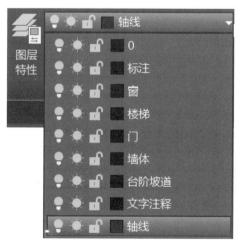

图 2.6　"图层"面板切换图层

3. 设置图层颜色、线型和线宽

（1）设置图层颜色。

在工程制图中，整个图形包含多种不同功能的图形对象，为了便于直观地区分它们，可以对不同的图形对象使用不同的颜色绘制。

需要改变图层颜色时，可在"图层特性管理器"对话框中单击图层的"颜色"图标 ■白，打开"选择颜色"对话框，如图 2.7 所示。它是一个标准的颜色设置对话框，可以为图层对象选择颜色。

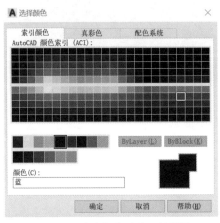

图 2.7　"选择颜色"对话框

（2）设置图层线型。

线型是指图形基本元素中线条的组成和显示方式，如虚线和实线等。在 AutoCAD 中既有简单线型，也有由一些特殊符号组成的复杂线型，以满足不同国家或行业标准的要求。

在绘制图形时要使用线型来区分图形元素，这就需要对线型进行设置。默认情况下，图层的线型为 Continuous。要改变线型，可在图层列表中单击"线型"列的 Continuous，打开"选择线型"对话框，如图 2.8 所示。默认情况下，在"选择线型"对话框的"已加载的线型"列表框中只有 Continuous 一种线型，如果要使用其他线型，必须将其添加到"已加载的线型"列表框中。可单击"加载"按钮打开"加载或重载线型"对话框，如图 2.9 所示。从当前线型库中选择需要加载的线型，然后单击"确定"按钮。

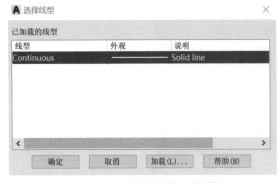

图 2.8　"选择线型"对话框

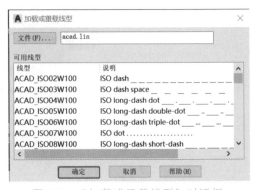

图 2.9　"加载或重载线型"对话框

（3）设置图层线宽。

线宽设置就是改变线条的宽度。在 AutoCAD 中，使用不同宽度的线条表现对象的大小或类型，可以提高图形的表达能力和可读性。

要设置图层的线宽，可以在"图层特性管理器"对话框的"线宽"列中单击该图层对应的线宽"—默认"，打开"线宽"对话框，有多种线宽可供选择，如图 2.10 所示。

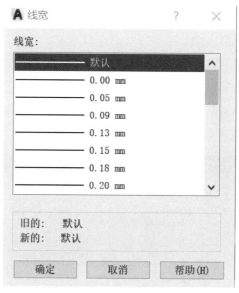

图 2.10　"线宽"对话框

4. 管理图层

在 AutoCAD 中，使用"图层特性管理器"对话框不仅可以创建图层、删除图层、图层切换以及设置图层的颜色、线型和线宽，还可以对图层进行更多的设置与管理，如图层的显示控制等。

（1）图层的打开和关闭。

在"图层特性管理器"对话框图层显示列表或在图层工具栏图层显示列表中，通过单击图层开关按钮 💡 ，可以控制图层的"开"与"关"。当图层被打开时，图层上的图形对象是可见的，并且可以被编辑和打印输出；当图层被关闭时，此图层上的图形对象不可见，并且不能被编辑和打印输出。

（2）图层的冻结和解冻。

在"图层特性管理器"对话框图层显示列表或在图层工具栏图层显示列表中，通过单击图层冻结与解冻按钮 ☼ ，可以控制图层的"冻结"与"解冻"。当图层被冻结时，此图层上的图形对象不可见，不参与重生成，并且不能被打印输出；当图层未被冻结时，图层上的图形对象是可见的，参与重生成，也可以被打印输出。

冻结图层有利于减少系统重生成图形的时间，如果用户绘制的图形较大且需要重生成图形时，即可使用图层的冻结功能将不需要重生成的图层进行冻结。完成重生成后，可使用解冻功能将其解冻，恢复为原来的状态。

（3）图层的锁定和解锁。

在"图层特性管理器"对话框图层显示列表或在图层工具栏图层显示列表中，通过单击图层锁定与解锁按钮 🔓，可以控制图层的"锁定"与"解锁"。当图层被锁定时，此图层上的图形对象可见，但不能被编辑；当锁定的图层被解锁，图层上的图形对象可见，且可以被选择、编辑。锁定图层有利于对较复杂的图形进行编辑。

5. 为小别墅一层平面图创建图层

（1）创建轴线图层。

利用图层特性管理器，新建轴线、轴线编号、墙体、柱、门、窗、楼梯、台阶坡道、文字注释、标注等图层（见图 2.11），轴线线型加载选择为 CENTER 线型，如图 2.12、图 2.13所示，颜色可选择红色，其他图层颜色可自定。在"线型管理器"中将全局比例设置为 50。

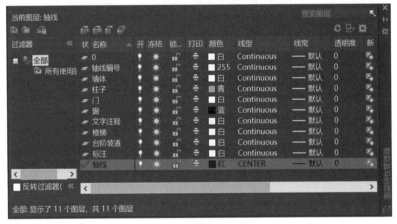

图 2.11　创建图层

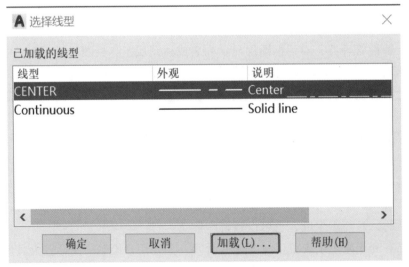

图 2.12　选择线型

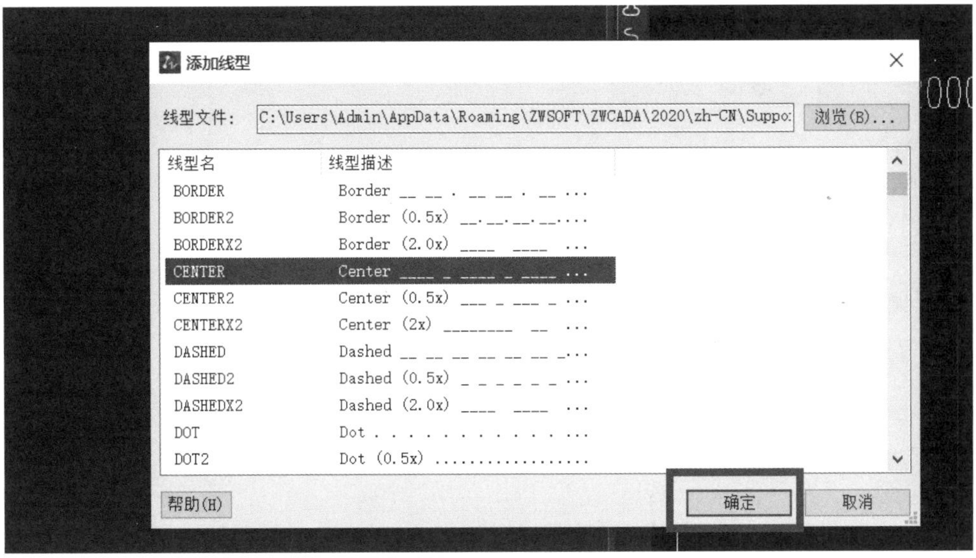

图 2.13　添加线型

（2）用同样的方法创建其他图层。

四、任务总结

使用 AutoCAD 软件绘制建筑施工图之前，设置好绘图环境，对于后期的图形修改、优化可以起到事半功倍的效果。本节课主要学习了系统参数设置、图形单位设置、图形界限设置、图层创建及管理的方法，要求学生掌握绘图环境设置相关的方法，并养成绘图前设置绘图环境的习惯。

拓展笔记

巩固练习

1. 单选题

（1）打开图层管理器的快捷键是（　　）。

    A. La　　　　　　　　B. Dt　　　　　　　　C. L　　　　　　　　D. F1

（2）在图层特性管理器中不可以设定哪项？（　　）

    A. 颜色　　　　　　　B. 页面设置　　　　　C. 线宽　　　　　　　D. 是否打印

（3）设置夹点大小及颜色是在"选项"对话框中的哪个选项卡中？（　　）

    A. 显示　　　　　　　B. 打开和保存　　　　C. 系统　　　　　　　D. 选择

（4）在 AutoCAD 中，可在一个文件中创建多少个图层？（　　）

    A. 8　　　　　　　　　B. 4　　　　　　　　　C. 无数　　　　　　　D. 16

（5）如果不想打印图层上的对象，最好的方法是（　　）。

    A. 冻结图层

    B. 在图层特性管理器上单击打印图标，使其变为不可打印图标

    C. 关闭图层

    D. 使用"noplot"命令

（6）下列不属于图层设置的范围是（　　）。

    A. 颜色　　　　　　　B. 线宽　　　　　　　C. 过滤器　　　　　　D. 线型

（7）下列选项中，不属于图层状态控制的是（　　）。

    A. 冻结 /解冻　　　　B. 修改　　　　　　　C. 开 /关　　　　　　D. 解锁/锁定

（8）在 AutoCAD 中，每一个图形实体都有哪些图形属性？（　　）

    A. 层，线型　　　　　　　　　　　　B. 层，颜色

    C. 层，颜色，线型　　　　　　　　　D. 层，字型，颜色

（9）图层的颜色是红色，线型是中心线，而此层上画的图形却是白色，线型是实线，可能的原因是（　　）。

    A. 当前颜色是白色，当前线型是实线　　B. 图层是 0 层

    C. 计算机出故障，显示错误　　　　　　D. 不可能

（10）要始终保持图元的颜色与图层的颜色一致，图元的颜色应设置为（　　）。

    A. BYLAYER　　　　B. BYBLOCK　　　C. COLOR　　　　　D. RED

2. 判断题

（1）CAD 里的绘图单位既可以代表米，又可以代表毫米，甚至代表英寸。（　　）

（2）默认情况下 AutoCAD 对绘图范围没有限制，可以将绘图区看作是一幅无穷大的图纸。（　　）

（3）所有的图层都能被删除。（　　）

（4）AutoCAD 的绘图背景颜色不可以更改。（　　）

（5）冻结图层中的图形不能进行打印。（　　）

3. 操作题

建立一个新的 AutoCAD 文件，并完成建筑绘图前的基本设置。其中包括：

（1）此文件自动保存路径和自动保存的时间；

（2）建立多个图层，其名称和颜色、线型、线宽等对象特性设置如表 2-1 所示。

表 2-1 某图形文件图层设置内容

名称	颜色	线型	线宽
中心轴线	红色	CENTER	0.15 mm
墙线	白色	Continuous	0.35 mm
门	黄色	Continuous	0.15 mm
窗户	青色	Continuous	0.25 mm
楼梯	白色	Continuous	0.15 mm
尺寸标注	绿色	Continuous	0.15 mm
文字标注	白色	Continuous	0.15 mm

参考答案：

1. 单选题

（1）A　　（2）B　　（3）D　　（4）D　　（5）C

（6）C　　（7）B　　（8）C　　（9）A　　（10）A

2. 判断题

（1）√　　（2）√　　（3）×　　（4）×　　（5）×

3. 操作题

操作提示：

（1）打开"选项"对话框，选择"文件"选项卡中的"自动保存文件位置"，设置自动保存路径。

（2）执行图层命令（Layer），打开"图层特性管理器"对话框，在"图层特性管理器"对话框中单击"新建图层"按钮，可设置相应的图层，并可进行图名修改以及颜色、线型、线宽设置。

任务二　轴网绘制

确定建筑物承重构件（墙、柱、梁）位置的线叫定位轴线，各承重构件均需标注纵横两个方向的定位轴线，非承重或次要构件应标注附加轴线，轴线也是施工放线的依据。建筑制图标准中规定定位轴线应用细点画线绘制。

轴网绘制

一、任务内容

运用 AutoCAD 软件绘制建筑平面图轴网。

二、学习目标

（1）熟悉直线、偏移等命令的功能；
（2）能够运用直线、偏移等命令绘制建筑平面图轴网；
（3）培养学生严谨的学习态度以及分析问题、解决问题、团队合作的能力。

三、任务步骤

（1）将"轴线"图层设置为当前图层，按下 F8 键打开正交模式。

（2）启用直线命令（快捷键 L），向右绘制水平基准轴线，长度为 25 000。以水平基准轴线左下方合适位置为起点，向上绘制垂直基准轴线，长度为 24 000。用 ZOOM 命令设置全部缩放，显示整个图形，如图 2.14 所示。

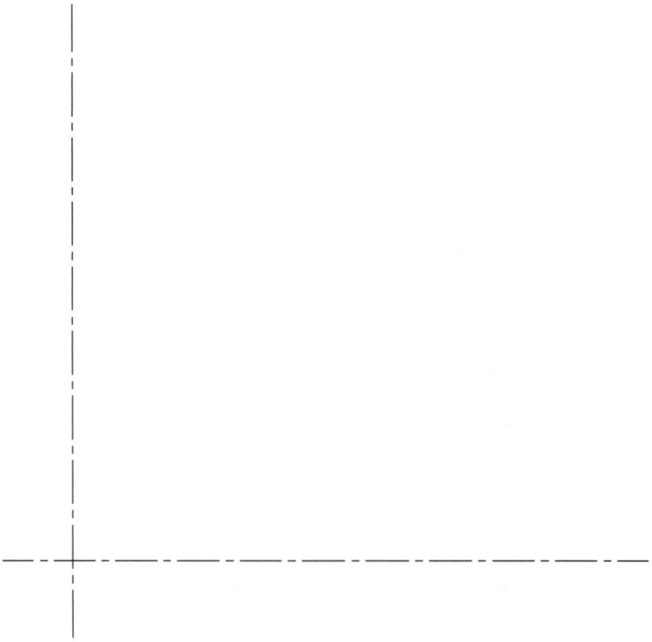

图 2.14

启用"偏移"命令（快捷键 O），将垂直基准轴线依次从左向右偏移，偏移距离为 2 445、1 455、2 400、4 800、2 400、1 200，得到垂直定位轴线。使用"偏移"命令，将水平基准轴线依次从下向上偏移，偏移距离为 2 850、1 800、3 300、2 100、2 700、1 200，得到水平定位轴线。

命令：_offset；

指定偏移距离或[通过（T）/删除（E）/图层（L）] <通过>：2455（输入 1、2 号轴线间的距离）；

选择要偏移的对象，或[退出（E）/放弃（U）] <退出>：鼠标选择 1 号轴线；

指定要偏移的那一侧上的点，或[退出（E）/多个（M）/放弃（U)]<退出>：点击 1 号轴线右方的任意一点；

选择要偏移的对象，或 [退出（E）/放弃（U）] <退出>:（回车退出当前直线命令）；

命令：回车重新调用直线命令；

指定偏移距离或[通过（T）/删除（E）/图层（L）] <2455.0000>：输入 2、3 号轴线间的距离 1455；

选择要偏移的对象，或[退出（E）/放弃（U）] <退出>:鼠标选择 2 号轴线；

指定要偏移的那一侧上的点，或[退出（E）/多个（M）/放弃（U）] <退出>：点击 2 号轴线右方的任意一点。

之后进行类似的操作偏移完成所有轴线，如图 2.15 所示。

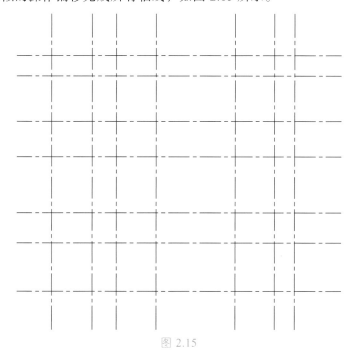

图 2.15

使用夹点编辑拉伸功能将绘制好的轴网进行进一步的修改，如图 2.16 所示。

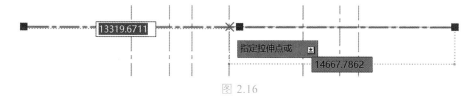

图 2.16

轴网完成后如图 2.17 所示：

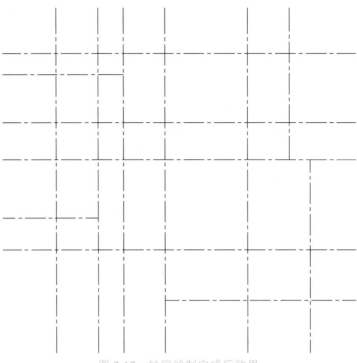

图 2.17　轴网绘制完成后效果

四、任务总结

　　平面图的轴线位置主要是承重墙体和柱的中点，轴线也是施工放线的依据。进行建筑平面图绘制，其中轴线的准确绘制是后面各构件绘制的基础，非常重要。在 AutoCAD 软件中绘制轴线，可用直线和偏移命令。本节课主要学习了建筑平面图绘制中轴网绘制的方法，用到了直线、偏移、夹点编辑命令，学生在掌握各命令绘制轴网的同时，更要学会命令的灵活应用。

拓展笔记

1. 单选题

（1）建筑制图标准中规定定位轴线应用（   ）线绘制。

　　A. 细点画线　　　　　B. 细实线　　　　　C. 粗点画线　　　　D. 没有规定

（2）打开正交的快捷键是（   ）。

　　A. F2　　　　　　　　B. F3　　　　　　　 C. F5　　　　　　　D. F8

（3）未选中夹点的默认颜色是（   ）。

　　A. 红色　　　　　　　B. 黄色　　　　　　 C. 绿色　　　　　　D. 蓝色

（4）选中夹点的默认颜色是（   ）。

　　A. 黄色　　　　　　　B. 红色　　　　　　 C. 绿色　　　　　　D. 蓝色

（5）绘制直线的快捷键是（   ）。

　　A. L　　　　　　　　 B. Pi　　　　　　　 C. Li　　　　　　　D. Ei

（6）设置"线型比例"是在哪个命令中？（   ）

　　A. 特性匹配　　　　　B. 特性　　　　　　 C. 多线样式　　　　D. 多段线

（7）画点划线时，如果所画出的点划线显示为直线，应修改（   ）。

　　A. 线型　　　　　　　B. 长度　　　　　　 C. 宽度　　　　　　D. 线型比例

（8）修剪命令的快捷键是（   ）。

　　A. Tr　　　　　　　　B. Re　　　　　　　 C. Ei　　　　　　　D. Pol

（9）删除一个物体或多个物体的命令是（   ）。

　　A. Undo　　　　　　　B. Erase　　　　　　C. Redo　　　　　　D. Revsurf

（10）下列图形中，哪一项不能使用偏移的命令？（   ）

　　A. 圆形　　　　　　　B. 矩形　　　　　　 C. 直线　　　　　　D. 球体

（11）在 AutoCAD 中，为一条直线制作平行线用什么命令？（   ）

　　A. Move　　　　　　　B. Array　　　　　　C. Offset　　　　　D. Copy

（12）用哪个编辑命令可去掉多出某直线的线条？（   ）

　　A. Erase　　　　　　　B. Trim　　　　　　 C. Break　　　　　D. Undo

（13）下列对象执行偏移命令以后，大小和形状保持不变的是（   ）。

　　A. 直线　　　　　　　B. 弧　　　　　　　 C. 圆　　　　　　　D. 椭圆

（14）在 AutoCAD 中将"线型比例"由 1 变为 2，以下叙述正确的是（   ）。

　　A. 改变对原画图形无效

　　B. 原画虚线加长一倍

　　C. 原画虚线缩短一倍

　　D. 原画虚线的短划和短划间的间隙都加长一倍，总长不变

（15）在执行 OFFSET 命令前，必须先设置（   ）。

　　A. 比例　　　　　　　B. 圆　　　　　　　 C. 距离　　　　　　D. 角度

2. 判断题

（1）在进行夹点编辑时，通常直线有 2 个夹点。（　　　）

（2）圆通过夹点编辑可以拉伸为椭圆。（　　　）

（3）打开特性的快捷键是 Ctrl+1。（　　　）

（4）执行 LINE 命令中又执行了 PAN 命令，则 PAN 命令结束后 LINE 命令也自动结束。
（　　　）

参考答案：

1. 单选题

（1）A　　（2）D　　（3）D　　（4）B　　（5）A　　（6）B　　（7）D　　（8）A

（9）B　　（10）D　　（11）C　　（12）B　　（13）A　　（14）D　　（15）C

2. 判断题

（1）×　　（2）×　　（3）√　　（4）×

任务三　轴线编号

定位轴线一般应编号，编号应注写在轴线端部的圆内。圆应用细实线绘制，直径为 8 ~ 10 mm，定位轴线圆的圆心，应在定位轴线的延长线上或延长线的折线上。定位轴线编号分横向定位轴线和纵向定位轴线。横向编号应用阿拉伯数字，按从左至右顺序编写；纵向编号应用大写拉丁字母，按从下至上顺序编写。拉丁字母的 I、O、Z 不得用作轴线编号，如字母数量不够，可增用双字母或单字母加数字注脚，如 AA、BA…YA 或 A1、B1…Y1。可用 AA、BB…或 A1、B1 等标注。

轴线编号绘制

在工程图样中输入文字，必须符合国家标准，国家标准（GB/14691—1993）中规定的文字样式：汉字为长仿宋体，字体宽度约等于字体高度的 2/3，字体高度有 20 mm、14 mm、10 mm、7 mm、5 mm、3.5 mm、2.5 mm、1.8 mm 八种，汉字高度不小于 3.5 mm。字母和数字可写为直体或斜体，若文字采用斜体，须向右倾斜，与水平基线约成 75°角。

一、任务内容

运用 AutoCAD 软件绘制建筑平面图轴线编号。

二、学习目标

（1）熟悉文字样式、圆、文字等命令的功能；

（2）能够熟练创建文字样式、使用圆命令绘制轴线端部的圆，并能按照建筑制图标准规定使用文字命令对轴线进行编号；

（3）提高学生分析问题、解决问题的能力，培养学生科学严谨的学习态度。

三、任务步骤

（一）创建文字样式

1. 设置"数字与英文字母"文字样式

单击【格式】菜单下拉列表【文字样式】命令按钮，调用文字样式命令，在【文字样式】对话框中，单击【新建】按钮，弹出【新建文字样式】对话框，在【样式名】文本框中输入新样式名"数字和字母"，单击【确定】按钮，返回【文字样式】对话框。从【字体名】下拉列表框中选择"Simplex.shx"字体，【宽度比例】文本框设置为 0.7，【高度】文本框保留默认的值 0，单击【应用】按钮，如图 2.18 所示。

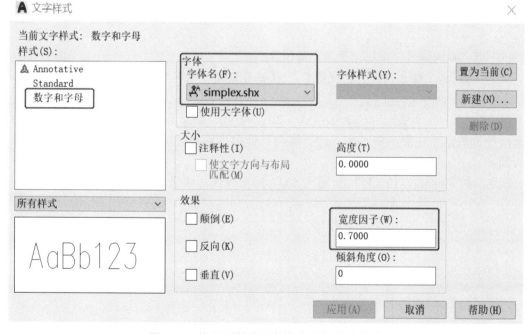

图 2.18　设置"数字与英文字母"文字样式

2. 设置"HZ"文字样式

单击【样式】工具栏中的【文字样式】命令按钮，弹出【文字样式】对话框。单击【新建】按钮，弹出【新建文字样式】对话框，在【样式名】文本框中输入新样式名"HZ"，单击【确定】按钮，弹出【文字样式】对话框。将使用大字体勾去，从"字体名"下拉列表框中选择"仿宋"字体，【宽度因子】文本框设置为0.7，【高度】文本框保留默认的值 0，单击【应用】按钮，如图 2.19 所示。

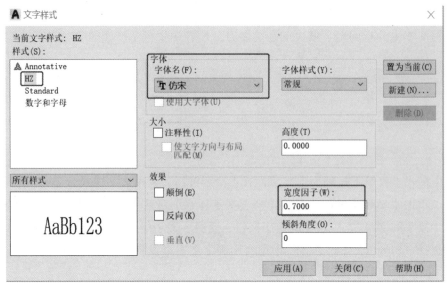

图 2.19　设置"HZ"文字样式

（二）轴线编号

（1）将"轴线编号"图层设置为当前图层。

（2）启用"圆"绘图命令（快捷键 C），在轴号直线外侧端点处绘制直径 1 000 mm 的圆。

命令：_circle；

指定圆的圆心或 [三点（3P）/两点（2P）/切点、切点、半径（T）]：鼠标移动至轴号直线外侧端点，注意不是点击，向下移动鼠标引出对象追踪绿色虚线，输入 500，以此作为圆心；

指定圆的半径或[直径（D）]：输入 500，回车确认，如图 2.20 所示。

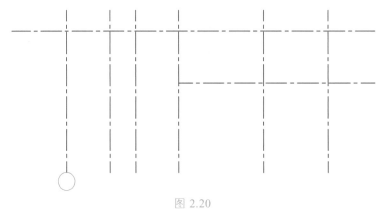

图 2.20

（3）启用单行文字命令行（快捷键 DT），选择对正方式为 MC 正中，点击圆心为对正中心点，字体高度为 500，输入文字"1"。

命令：DT（命令行输入 DT，回车确认，调用出单行文字命令）；

TEXT；

指定文字的起点或[对正（J）/样式（S）]: J;

输入选项[左（L）/居中（C）/右（R）/对齐（A）/中间（M）/布满（F）/左上（TL）/中上（TC）/右上（TR）/左中（ML）/正中（MC）/右中（MR）/左下（BL）/中下（BC）/右下（BR）]: MC（点击 MC 按钮或输入 MC 回车确认，设置对正样式为正中）;

指定文字的中间点：点击轴号圆圆心;

指定高度<2.5000>：输入 500;

指定文字的旋转角度 <0>: 回车确认，如图 2.21 所示。

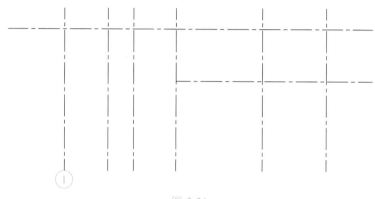

图 2.21

（4）利用"复制"命令（快捷键 CO），将 1 号轴线编号的圆、文字整体复制至其他水平方向轴线端点。

命令：_copy;

选择对象：鼠标从左向右框选轴线编号的圆、文字，回车确认;

指定基点或[位移（D）/模式（O）] <位移>：选择 1 号轴号上象限点;

指定第二个点或[阵列（A）] <使用第一个点作为位移>：点击 2 号水平方向轴线下部端点;

指定第二个点或[阵列（A）/退出（E）/放弃（U）] <退出>：点击 3 号水平方向轴线下部端点;

指定第二个点或 [阵列（A）/退出（E）/放弃（U）] <退出>：依次点击其他轴线下部端点，如图 2.22 所示。

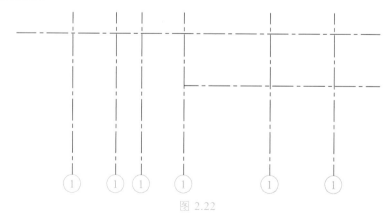

图 2.22

（5）利用"文字编辑"命令，修改各轴号。可直接在数字上双击，成编辑状态时依次修改，如图2.23所示。

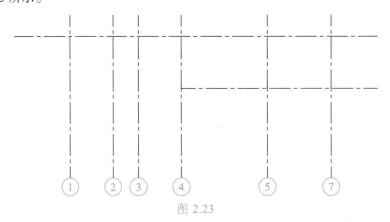

图 2.23

（6）用同样的方法完成其他方向轴线编号，完成图如图2.24所示。

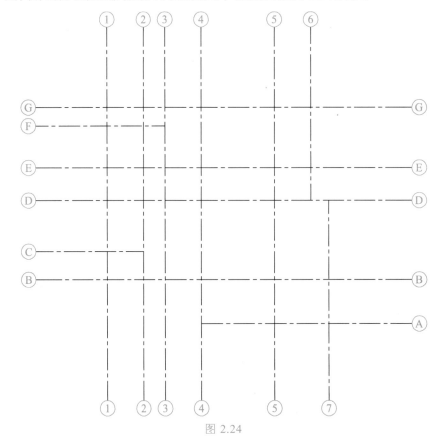

图 2.24

四、任务总结

平面图的轴线位置主要是承重墙体和柱的中点，轴线也是施工放线的依据。本节课主要学习了建筑平面图绘制轴线编号的方法，用到了圆绘制和文字命令，在掌握这两个命令功能的同时，更要学会灵活应用。

拓展笔记

巩固练习

1. 单选题

（1）在工程图样中输入文字时，字母和数字可写为直体或斜体，若文字采用斜体，须向右倾斜，与水平基线约成（　　）。

      A. 15°   B. 30°   C. 45°   D. 75°

（2）在工程图样中输入文字，必须符合建筑制图标准，标准中规定的文字样式：汉字为长仿宋体，字体宽度约等于字体高度的（　　）。

      A. 1/4   B. 1/3   C. 2/3   D. 3/4

（3）在建筑平面图上，平面定位轴线一般按纵、横两个方向分别编号。横向定位轴线应用阿拉伯数字，从左至右顺序编号；纵向定位轴线应用（　　），（　　）顺序编号。

      A. 大写拉丁字母，从下至上   B. 大写拉丁字母，从上至下

      C. 小写拉丁字母，从下至上   D. 小写拉丁字母，从上至下

（4）改变图形实际位置的命令是（　　）。

      A. Move 或 Pan   B. Move   C. Pan   D. Offset

（5）改变视窗显示位置的命令是（　　）。

      A. Move 或 Pan   B. Move   C. Pan   D. Offset

（6）若在选择线条时多选了，要去掉它该如何操作?（　　）

      A. 按住 Ctrl 然后点多选的线或面

      B. 按住 Alt 然后点多选的线或面

      C. 按住 Shift 然后点多选的线或面

D. 按住 Caps Lock 然后点多选的线或面

（7）画一个半径为 8 的圆，使用"圆心、直径"方式画圆，确定圆心后，输入（　　　）。

A. 8　　　　　　　　B. 4　　　　　　　　C. 32　　　　　　　　D. 16

（8）如果要在一个圆的圆心写一个"A"字，应使用以下哪种对正方式？（　　）

A. 对齐　　　　　　B. 中间　　　　　　C. 中心　　　　　　D. 调整

（9）复制的快捷键是（　　）。

A. CO 或 CP　　　　B. O　　　　　　　C. X　　　　　　　D. EX

（10）圆命令的快捷键是（　　）。

A. CO　　　　　　　B. O　　　　　　　C. ELL　　　　　　D. C

2. 判断题

（1）在同一张图纸上不能同时存在不同字体的文字。（　　　）

（2）用 LINE 命令和 RECTANG 命令均可以绘制矩形，并且所得结果是一样的。（　　　）

（3）用 PAN 命令将某图元沿 *X* 方向移动 20，该图元各点的 *X* 坐标并不会增大。（　　　）

（4）执行 REDO 命令的前提是已经执行过 U 或 UNDO 命令。（　　　）

（5）CIRCLE 命令是用来画圆的，如果要画任意三角形的内切圆，需要用"3P（三点）"方式绘制。（　　　）

3. 操作题

按照图示尺寸完成如图 2.25 所示图形的绘制。

参考答案：

1. 单选题

（1）D　　（2）C　　（3）A　　（4）B　　（5）C

（6）C　　（7）D　　（8）B　　（9）A　　（10）D

2. 判断题

（1）×　　（2）×　　（3）√　　（4）√　（5）√

3. 操作题

答案：略

图 2.25

任务四　柱子绘制

　　柱子是建筑物中直立的、起支撑作用的构件，用木、石或钢筋混凝土制成，形状多见矩形、圆形。在 AutoCAD 软件中绘制柱子，一般用矩形或圆命令绘制柱子横截面轮廓，并用图案填充命令进行填充，以表示柱子所用材料。

柱网绘制

运用 AutoCAD 软件绘制建筑平面图柱网。

（1）熟悉矩形、图案填充、复制、块等命令的功能；

（2）能够运用矩形、图案填充、复制、块等命令绘制建筑平面图柱网；

（3）提高学生分析问题、解决问题的能力，培养学生科学严谨的学习态度。

1. 绘制方法一

（1）将"柱"图层设置为当前图层。

（2）启用"矩形"（快捷键 REC）绘图命令，用矩形命令在屏幕上适当位置绘制柱的横截面，如图 2.26 所示。

图 2.26

命令启动后，在屏幕上任意点击一点作为矩形第一个角点，在打开动态输入的状态下，输入"300，300"；或在动态输入关闭状态下，在命令行输入"@300，300，"确认另一个角点，完成 300×300 矩形的绘制，如图 2.27 所示。

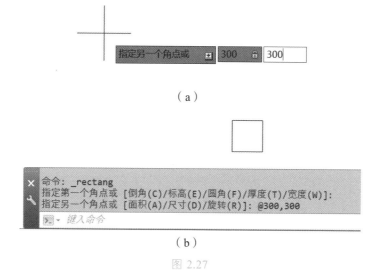

（a）

（b）

图 2.27

（3）启用 Hatch（填充，快捷键 H）命令在柱子内填充"Solid（实心）"图案，如图 2.28 所示。

（a）

（b）

图 2.28

点击"添加拾取内部点"，点击矩形中间任一点，按回车键确认，完成图案填充，如图 2.29 所示。

图 2.29

（4）启用"复制"命令，选择绘制好的柱子，复制基点选择柱子的"几何中心"，依次将柱子复制到柱子所在的轴线交点处，完成柱网绘制，如图 2.30 所示。

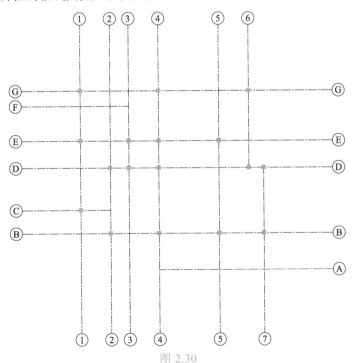

图 2.30

2. 绘制方法二

（1）柱子绘制好之后，启用 Block（创建块）命令将柱子创建为块，命令启动后，在"块定义"对话框，点"选择对象"按钮，框选矩形和图案填充为对象，点"拾取点"按钮，以矩形几何中心为基点。点"确定"按钮完成块创建，如图 2.31 所示。

图 2.31　"块定义"对话框

（2）用 Insert（快捷键 I）插入命令插入块，取消勾选在屏幕上指定缩放，点击柱所在轴线交点，插入柱图块。用复制命令，将柱块以此复制到其他轴线交点，生成柱网图，如图 2.32 所示。

图 2.32　"插入"块对话框

四、任务总结

柱子是建筑物中直立的、起支撑作用的构件，在 AutoCAD 软件中绘制柱子，一般用矩形或圆命令绘制柱子横截面轮廓，并用图案填充命令进行填充，以表示柱子所用材料。本节课主要学习了建筑平面图绘制柱子的两种方法，用到了矩形、图案填充、复制、创建块、插入块命令，学生在掌握各命令绘制柱子的同时，更要学会命令的灵活应用。

———————————————————————————————————

———————————————————————————————————

———————————————————————————————————

———————————————————————————————————

———————————————————————————————————

巩固练习

1. 单选题

（1）以下对移动（MOVE）和平移（PAN）命令描述正确的是（　　）。

　　A. 都是移动命令，效果一样

　　B. 移动速度快，平移速度慢

　　C. 移动的对象是视图，平移的对象是物体

　　D. 移动的对象是物体，平移的对象是视图

（2）块定义必须包括：（　　）。

　　A. 块名、基点、对象　　　　　　　　　B. 块名、基点、属性

　　C. 基点、对象、属性　　　　　　　　　D. 块名、基点、对象、属性

（3）创建块的快捷键是（　　）。

　　A. I　　　　　　　　B. B　　　　　　　　C. Q　　　　　　　　D. W

（4）插入块的快捷键是（　　）。

　　A. I　　　　　　　　B. B　　　　　　　　C. Q　　　　　　　　D. W

（5）下列哪一项不属于"图案填充"命令中的参数？（　　）

　　A. 比例　　　　　　　B. 旋转　　　　　　C. 关联　　　　　　D. 角度

（6）下列哪项不属于绘制多边形的正确方法？（　　）

　　A. 内接法　　　　　　B. 长度测量　　　　C. 外切法　　　　　D. 由边长确定

（7）以下有关 AutoCAD 中格式刷（特性匹配）的叙述错误的是（　　）。

　　A. 只是一把颜色刷　　　　　　　　　　B. 先选源对象，再去刷目标对象

　　C. 刷后目标对象与源对象的实体特性相同　　D. 也可用图层的编辑

（8）用 LINE 命令画出一个矩形，该矩形中有（　　）图元实体。

　　A. 1 个　　　　　　　B. 4 个　　　　　　C. 不确定　　　　　D. 5 个

2. 判断题

（1）对于未闭合的对象，不能进行图案填充。（　　）

（2）特殊点一定要在执行绘图命令和编辑命令等后才能捕捉。（　　）

（3）用 AutoCAD 绘制图形时，其绘图范围是有限的。（　　）

3. 操作题

（1）按图中标注尺寸绘制如图 2.33 所示基础剖面图。

（2）对（1）所绘制的基础进行填充。

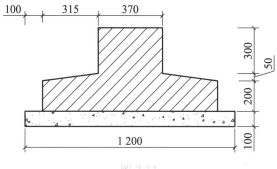

图 2.33

参考答案：

1. 单选题

（1）D　　（2）A　　（3）B　　（4）A　　（5）B　　（6）B　　（7）A　　（8）B

2. 判断题

（1）×　　（2）√　　（3）×

3. 操作题

（1）启用"绘图"→"直线"命令，应用点的绝对直角坐标输入法确定第一个点的位置后，再应用点的相对直角坐标输入法完成基础轮廓图（也可在绘制水平线和垂直线时，打开"正交"模式，然后移动光标到相应的位置后，直接输入所需的距离值即可）。

（2）启用"绘图"→"图案填充"命令，选择"ANS131"图案，使用"拾取点"方式在基础上部封闭图形内部拾取一点，在"特性"选项中调整合适比例，按"回车键"完成填充。再选择图案"AR-CONC"，以同样的方法完成基础下部封闭图形的填充。

任务五　墙体绘制

　　建筑物中的墙体主要起围护、分隔空间的作用，墙体按受力情况分承重墙与非承重墙，按墙体在平面上所处位置不同，有内墙和外墙之分；根据墙体所用材料的不同，有砖墙、石墙、土墙及混凝土墙等。墙厚一般有 12 墙、24 墙、

墙体绘制

37墙、49墙等。在AutoCAD软件中绘制墙体，一般用多线进行绘制。"多线"绘图命令可绘制多条相互平行的直线，建筑工程制图中常用于绘制墙体、多路平行排列的不同管线或平开窗平面图等。

多线应用步骤：（1）MLSTYLE设置多线样式；（2）ML绘制多线；（3）MLEDIT编辑修整多线的交叉点。

一、任务内容

运用AutoCAD软件绘制建筑平面图墙体。

二、学习目标

（1）熟悉多线样式、多线、多线编辑等命令的功能；

（2）能够运用多线样式、多线、多线编辑等命令绘制建筑平面图墙体；

（3）提高学生分析问题、解决问题的能力，培养学生科学严谨的学习态度。

三、任务步骤

（1）将"墙体"图层设置为当前图层。

（2）设置多线样式。

在菜单【格式】下拉列表选择"多线样式"命令，在弹出的"多线样式"对话框中点击"新建"按钮，分别新建多线样式：350和240，在图元偏移量处分别设置为175、−175以及120、−120，如图2.34所示。

（a）

（b）

（c）

图 2.34

（3）利用多线命令 ML，绘制相应的墙体。

在执行 Mline 命令绘制墙体时，除了要注意选择"比例（S）"选项变换多线宽度外，还要注意选择"对正（J）"选项变换多线的对正方式，多线的对正方式有上、中、下对正方式。设置对正为无，比例为 1，样式为 350，依次点击外墙在各轴线处交点，绘制所有外墙，如图 2.35 所示。

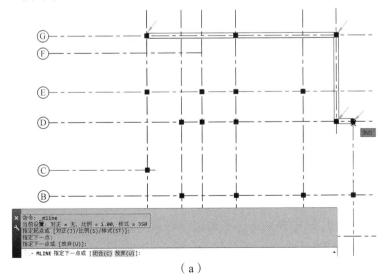

（a）

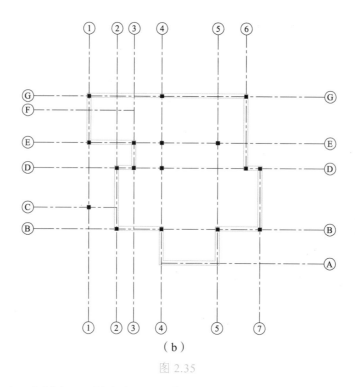

（b）

图 2.35

设置对正为无，比例为 1，样式为 240，依次点击内墙在各轴线处交点，绘制所有内墙，如图 2.36 所示。

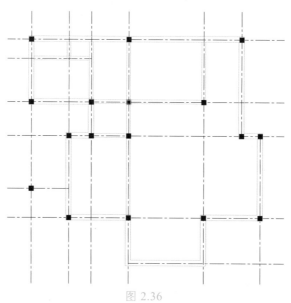

图 2.36

（4）对墙线进行编辑。

在命令行输入 Mled，调用 Mledit 命令编辑多线相交的形式，不能编辑的，用 Explode（分解）命令先将墙线分解为普通直线，然后再用 Trim（修剪）命令修剪多余线条，如图 2.37 所示。

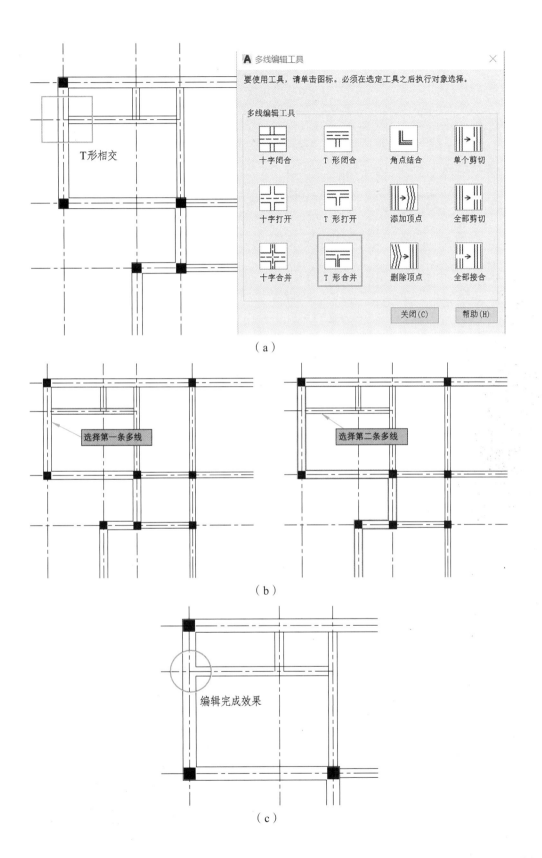

T形相交

（a）

选择第一条多线

选择第二条多线

（b）

编辑完成效果

（c）

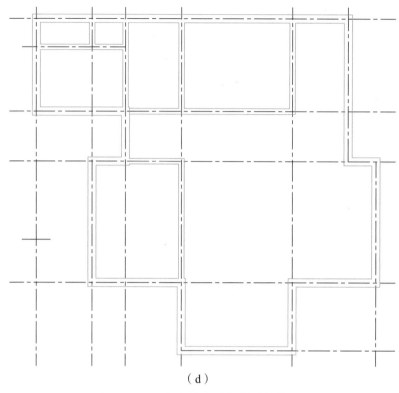

（d）

图 2.37　所有多线完成编辑后的效果

四、任务总结

墙体是建筑物的重要构件，在 AutoCAD 软件中绘制墙体，一般用多线命令进行绘制。本节课主要学习了建筑平面图中墙体的绘制方法，用到了多线样式、多线、多线编辑命令，学生在掌握各命令绘制墙体的同时，更要学会命令的灵活应用。

拓展笔记

1. 单选题

（1）一般在建筑制图过程中用（   ）绘制墙体、窗户和细部特殊组件。

    A. 射线   B. 线段   C. 直线   D. 多线

（2）绘制多线的快捷键是（   ）。

    A. Ml   B. Pl   C. Pol   D. El

（3）多线编辑器的命令是（   ）。

    A. Pe   B. Ml   C. Mledit   D. El

（4）用户在对图形进行编辑时，若需要选择所有对象，应输入（   ）。

    A. 夹点编辑   B. 窗口选择   C. All   D. 单选

（5）在 AutoCAD 中绘制多线，由于一次绘出的多线被当作一个实体，因此对多线的编辑应该使用命令（   ）。

    A. break（断开）   B. mledit（多线编辑）

    C. trim（修剪）   D. explode（分解）

2. 判断题

（1）多线是由平行线组成的对象，平行线的数量只能设置为两条。（   ）

（2）在执行 PAN 命令将实体移动位置后，其坐标保持不变。（   ）

（3）STRETCH 命令不能改变圆的形状。（   ）

参考答案：

1. 单选题

（1）D   （2）A   （3）C   （4）C   （5）D

2. 判断题

（1）×   （2）√   （3）√

任务六　窗户绘制

    建筑物中窗的主要功能是采光和通风，建筑平面图是房屋的水平剖面图，是用一个假想的水平剖切平面沿门窗洞口位置剖切，将剖切面以下部分向水平投影面作正投影所得到的图样。所以，平面图中的窗户一般是用平行线表示出来，窗的名称代号用"C"表示。在 AutoCAD 软件中绘制窗户，可用多线进行绘制，也可用直线和偏移命令绘制。

窗户绘制

运用 AutoCAD 软件绘制建筑平面图窗户。

（1）熟悉偏移、修剪、多线样式、多线、多线编辑、矩形、分解、偏移、块等命令的功能；

（2）能够运用偏移、修剪命令修剪窗洞口，运用多线样式、多线、多线编辑或矩形、分解、偏移、块等命令绘制建筑平面图窗户；

（3）提高学生分析问题、解决问题的能力，培养学生科学严谨的学习态度。

（一）修剪窗洞口

（1）将"窗户"图层设置为当前图层。

（2）修剪窗洞：在命令行输入 O，空格确认，调用偏移（Offset）命令，输入 L（进入偏移图层设置），输入 C（设置偏移图层为当前图层），这样偏移出的图形在窗图层上，方便后期修改，如图 2.38 所示。

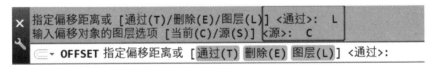

图 2.38

以 4、5 号轴线与 G 号轴线相交处的 C1518 窗洞创建为例（窗宽 1 500 mm，高 1 800 mm）。利用偏移将 4 号轴线向右偏移 1 650，将 5 号轴线向左偏移 1 650，如图 2.39 所示。

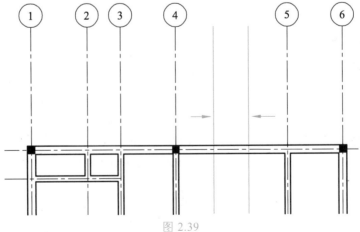

图 2.39

（3）在命令行输入 tr，空格确认，调用修剪（trim）命令。提示"选取对象来剪切边界"，直接空格确认，相当于全选所有图形作为剪切边界。提示"选择要修剪的实体"，鼠标（光标变为方框）点击之前偏移出的两条直线所截取的那段墙体。同时，将偏移出的两条临时线删除。这样就完成了 C1518 洞口的修剪，如图 2.40 所示。

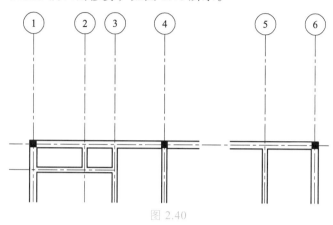

图 2.40

用同样的方法，将所有窗洞口修剪，完成后如图 2.41 所示。

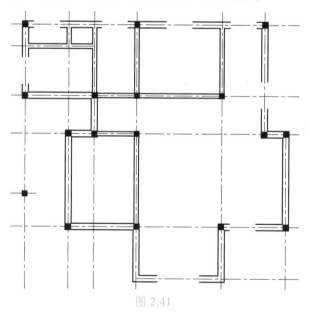

图 2.41

（二）绘制窗户

1. 窗户绘制方法一：多线绘制

1）设置多线样式

在菜单【格式】下拉列表选择"多线样式"命令，在弹出的"多线样式"对话框中点击"新建"按钮，新建多线样式：C，在图元偏移量处分别设置为 175、50、−50、−175，如图 2.42 所示。

（a）

（b）

（c）

图 2.42

2）利用多线命令 ML，绘制窗户

在命令行输入"ML"，启动多线命令，设置对正为上或下，比例为 1，样式为 C，在窗洞口所在位置依次绘制"C"多线样式，完成窗户绘制，如图 2.43 所示。

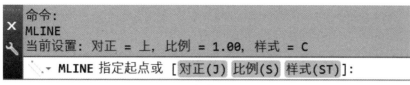

（a）

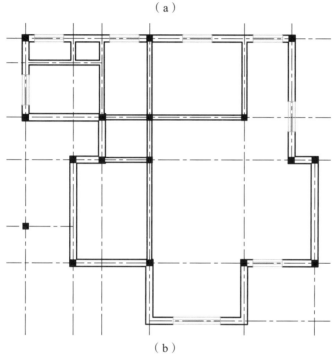

（b）

图 2.43　完成窗户绘制

2. 窗户绘制方法二：创建窗户图块

在绘制图形时，如果图形中有大量相同或相似的内容，或者所绘制的图形与已有的图形文件相同，则可以把要重复绘制的图形创建成图块。

要使用块，首先要建立块。AutoCAD 提供了两种创建块的方法：一种是使用 block 命令通过"块定义"对话框创建内部块；另一种是使用 wblock 命令通过"写块"对话框创建外部块。前者是将块储存在当前图形文件中，只能供本图形文件调用或使用设计中心共享。后者是将块写入磁盘保存为一个图形文件，可以供所有的 AutoCAD 图形文件调用。

（1）用矩形命令绘制 1000×100 的矩形。

（2）用分解命令（快捷键 X）将矩形分解为直线。选中矩形，在命令行输入 X，空格确认。

（3）用偏移命令将矩形上下两条直线向内偏移 35，如图 2.44 所示。

图 2.44

（4）利用创建块命令（快捷键 B），将刚绘制的图形定义为"平面窗 1 000×100"图块，拾取图形左下角点为基点，如图 2.45 所示。

图 2.45

（5）利用插入块命令（快捷键 I），将刚创建的"平面窗 1 000×100"图块插入窗洞口。注意插入点、缩放、旋转均勾选"在屏幕上指定"，如图 2.46 所示。

图 2.46

南北方向窗户选择窗洞对应的左下角点作为插入点，按照提示，X 比例因子输入 1.5（窗洞长 1 500，默认窗块长度 1 000，1 500/1 000=1.5），Y 比例因子输入 3.5（窗洞宽为墙体宽度 350，默认窗块长度 100，350/100=3.5），旋转输入 0°，如图 2.47 所示。

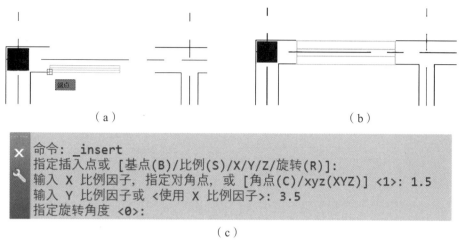

（a）　　　　　　　　　　（b）

命令: _insert
指定插入点或 [基点(B)/比例(S)/X/Y/Z/旋转(R)]:
输入 X 比例因子，指定对角点，或 [角点(C)/xyz(XYZ)] <1>: 1.5
输入 Y 比例因子或 <使用 X 比例因子>: 3.5
指定旋转角度 <0>:

（c）

图 2.47

东西方向窗户选择窗洞对应的右上角点作为插入点，按照提示，X 比例因子输入 1.5（窗洞长 1 500，默认窗块长度 1 000，1 500/1 000=1.5），Y 比例因子输入 3.5（窗洞宽为墙体宽度 350，默认窗块长度 100，350/100=3.5），旋转输入 – 90°，如图 2.48 所示。

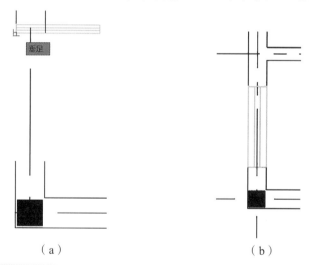

（a）　　　　　　　　　　（b）

命令: _insert
指定插入点或 [基点(B)/比例(S)/X/Y/Z/旋转(R)]:
输入 X 比例因子，指定对角点，或 [角点(C)/xyz(XYZ)] <1>: 1.5
输入 Y 比例因子或 <使用 X 比例因子>: 3.5
指定旋转角度 <0>: -90

（c）

图 2.48

（6）启用复制命令，依次在所有窗洞口放置平面窗块。

3. 窗户绘制方法三

（1）启用矩形命令（快捷键 REC）绘制 1 500×350 的矩形。

（2）启用分解命令（快捷键 X）将矩形分解为直线。选中矩形，在命令行输入 X，空格确认。

（3）启用偏移命令（快捷键 O）将矩形上下两条直线向内偏移 125，完成一个窗户的绘制，如图 2.49 所示。

图 2.49

（4）启用复制命令（快捷键 CO）将完成的窗户直接复制到 C1518 的窗洞口处，纵墙上的窗户，使用旋转命令（快捷键 RO）将横墙窗户旋转 90°，再进行复制，如图 2.50 所示。

图 2.50

（5）C2424 窗户宽度为 2 400，可使用拉伸命令（快捷键 ST）将 1 500 的窗户拉伸到 2 400，再使用移动命令（快捷键 M），移动到 C2424 洞口处，如图 2.51 所示。

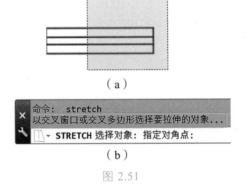

（a）

（b）

图 2.51

注意： 执行"拉伸"命令时，提示"选择对象"时，必须用"交叉窗口或交叉多边形"选择对象，如果用其他选择对象的方法选择对象，则图形对象仅仅发生移动，而不会被拉伸。

（三）窗户编号

（1）启用单行文字命令（快捷键 DT），在窗户所在位置点取合适点作为文字起点，当前文字样式选择"数字和字母"，文字高度设置为"350"，文字的旋转角度设置为"0"，输入文字"C1518"，如图 2.52 所示。

```
命令：_text
当前文字样式："数字和字母"  文字高度：  350.0000  注释性：  否  对正：  左
指定文字的起点 或 [对正(J)/样式(S)]：
指定高度 <350.0000>：350
指定文字的旋转角度 <0>：0
```

（a）

```
TEXT
当前文字样式："数字和字母"  文字高度：  350.0000  注释性：  否  对正：  左
指定文字的起点 或 [对正(J)/样式(S)]：
指定高度 <350.0000>：350
指定文字的旋转角度 <0>：90
```

（b）

图 2.52

注意： 南北方向窗户编号的文字的旋转角度设置为"0"，东西方向窗户编号的文字的旋转角度设置为"90"。

（2）完成一个窗户编号的绘制后，利用复制，依次在所有平面窗处创建窗户编号，不一样的编号，可使用文字编辑命令进行修改。完成效果如图 2.53 所示。

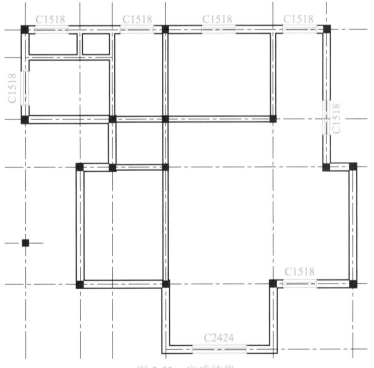

图 2.53　完成效果

四、任务总结

在 AutoCAD 软件中绘制窗户，可用多线进行绘制，也可用直线和偏移命令绘制。本节课主要学习了建筑平面图中窗洞口的修剪及窗户绘制的三种方法。主要运用偏移、修剪、多线样式、多线、多线编辑、矩形、分解、偏移、块、旋转、拉伸等命令，学生在掌握各命令绘制窗户的同时，更要学会命令的灵活应用。

拓展笔记

巩固练习

（1）平面图中的窗户一般是用平行线表示出来，在 AutoCAD 软件中绘制窗户，可用（   ）进行绘制，也可用直线和偏移命令绘制。

     A. 射线　　　　　　　B. 线段　　　　　　　C. 直线　　　　　　　D. 多线

（2）窗户一般离地高（   ）。

     A. 900 mm　　　　　　B. 800 mm　　　　　　C. 850 mm　　　　　　D. 1 000 mm

（3）使用"偏移"命令，可以对已经绘制的图形对象进行偏移，以便复制生成与源图形对象（   ）的图形对象。

     A. 对称　　　　　　　B. 相同　　　　　　　C. 平行　　　　　　　D. 相交

（4）下面哪个命令可将块打散生成图形文件？（   ）

     A. 另存为　　　　　　B. 分解　　　　　　　C. 重生成　　　　　　D. 插入块

（5）下列修改命令哪一项可以改变对象的长度？（   ）

     A. 镜像　　　　　　　B. 复制　　　　　　　C. 偏移　　　　　　　D. 拉长

（6）在 AutoCAD 中默认的旋转正方向是（   ）。

     A. 顺时针　　　　　　B. 逆时针　　　　　　C. 用鼠标控制　　　　D. 没有规定

（7）拉伸命令的快捷键是（   ）。

     A. S　　　　　　　　　B. Ex　　　　　　　　C. Len　　　　　　　　D. Br

（8）拉伸命令能够按指定的方向拉伸图形，此命令只能用哪种方式选择对象？（　　　）

  A. 交叉窗口   B. 窗口   C. 点   D. All

（9）利用"矩形"工具不可以绘制（　　　）。

  A. 直角矩形   B. 倒角矩形   C. 圆角矩形   D. 尖角矩形

（10）用STRETCH命令中的窗口方式完全将实体选中，则该操作与执行（　　　）命令相同。

  A. Pan   B. Move   C. Scale   D. Copy

2. 判断题

（1）利用偏移命令偏移直线，则偏移后的直线长度将变短。（　　　）

（2）"修剪"命令不能将超出修剪边界的线条进行修剪。（　　　）

（3）在 AutoCAD 画弧的命令中，若以起始点、圆心点、圆心角方式绘弧，若给定的角度为正值，则按逆时针方向画弧，否则按顺时针方向画弧。（　　　）

  参考答案：

1. 单选题

（1）D （2）A （3）D （4）B （5）D

（6）B （7）A （8）A （9）D （10）B

2. 判断题

（1）× （2）× （3）√

任务七　门绘制

建筑物中门的主要功能是交通出入、分隔联系建筑空间，门按其开启方式不同有平开门、推拉门、弹簧门、折叠门、转门等，常见的是平开门。平面图中的门一般是用矩形表示门的宽度和厚度，用90°、60°或45°弧线表示其开启方向。门的名称代号用"M"表示。在 AutoCAD 软件中绘制门，可用矩形和圆弧命令绘制门，再用图块命令插入门。

门绘制

一、任务内容

运用 AutoCAD 软件绘制建筑平面图门。

二、学习目标

（1）熟悉偏移、修剪、矩形、圆弧、块等命令的功能；

（2）能够运用偏移、修剪命令修剪门洞口，用矩形圆弧、块等命令绘制建筑平面图门；

（3）提高学生分析问题、解决问题的能力，培养学生科学严谨的学习态度。

（一）修剪门洞口

（1）将"门"图层设置为当前图层。

（2）修剪门洞：门洞口的修剪方法和窗户一样，使用偏移命令偏移门临近轴线，定出门的位置，再使用修剪命令修剪门洞，门洞修剪完成后如图 2.54 所示。

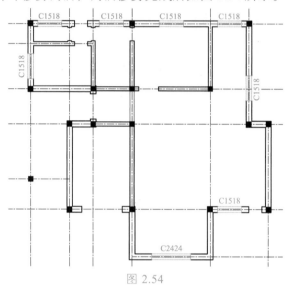

图 2.54

（二）绘制门

1. 矩形和圆弧命令绘制门

（1）启用矩形命令（快捷键 REC），绘制 1 000×50 的矩形。

（2）启用圆弧（ARC）命令，选择"起点、圆弧、角度"方式绘制圆弧。命令行提示指定圆弧的起点时，选择矩形左上角点作为圆弧起点；命令行提示指定圆弧的圆心时，选择矩形左下角点作为圆弧圆心；命令行提示输入指定夹角时，输入"－90"，完成左开门绘制，如图 2.55 所示。

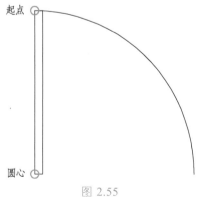

图 2.55

（3）启用镜像命令（快捷键 MI），将整个图形沿竖直方向镜像，如图 2.56 所示。

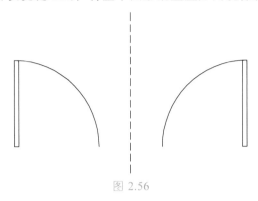

图 2.56

2. 创建门图块

启用块创建命令（快捷键 B），将左侧图形整体定义为"左开门"图块，右侧图形整体定义为"右开门"图块。分别选择左侧图形左下角点、右侧图形右下角点为插入基点，如图 2.57 所示。

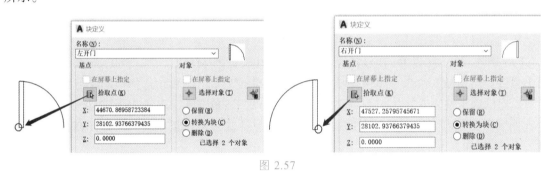

图 2.57

3. 插入门图块

（1）插入左开启门：用插入块命令（快捷键 I），对照门的开启方向，将刚创建的左开门图块插入对应门洞口处。注意插入点、缩放、旋转均勾选"在屏幕上指定"，如图 2.58 所示。

图 2.58

以 2、3 号轴线与 F 号轴线相交处的 M0821（门 800 mm 宽，2 100 mm 高）为例，开启方向为向左打开。选择门洞右下角点为插入点，插入"左开门"图块。X 比例因子输入 0.8（门洞宽 800，默认门宽 1 000，800/1 000=0.8）；Y 比例因子也输入 0.8，保证门不变形，旋转角度输入 180°，如图 2.59 所示。

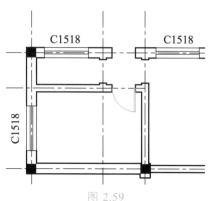

图 2.59

用同样的方法插入其他左开门，需注意插入点的选择及旋转角度的输入。

（2）插入右开启门：启用插入块命令（快捷键 I），对照门的开启方向，将刚创建的右开门图块插入对应门洞口处。注意插入点、缩放、旋转均勾选"在屏幕上指定"。

（3）插入双开门：以 D、E 号轴线与 3 号轴线相交处的 M1521（门 1 500 mm 宽，2 100 mm 高）为例。启用插入块命令（快捷键 I），选择创建的左开门图块，选择门洞左下角作为插入点，X 比例因子输入 0.75（门洞宽 1 500，默认门宽 1 500，单扇门宽 750，750/1 000=0.75）；Y 比例因子也输入 0.75；旋转角度输入 90°（逆时针旋转输入正角度，顺时针旋转输入负角度），如图 2.60 所示。

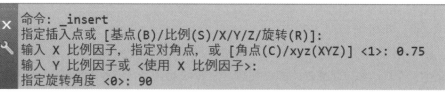

（a）

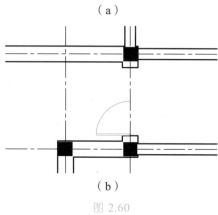

（b）

图 2.60

（4）启用镜像命令（快捷键 MI），选择出入的半扇门，将另外一扇镜像出来，如图 2.61 所示。

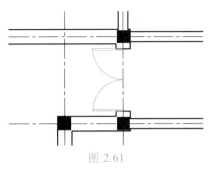

图 2.61

（5）用同样的方法插入 M1221，如图 2.62 所示。

（6）插入 M2520，M2520 是一个卷帘门，平面图中表现为矩形，直接在门洞口处用矩形命令绘制 2 500×100 的矩形，如图 2.63 所示。

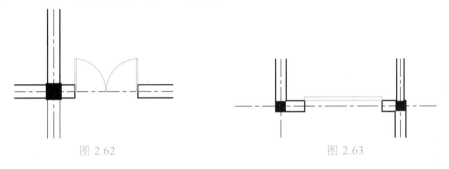

图 2.62   图 2.63

门插入完成后的效果如图 2.64 所示。

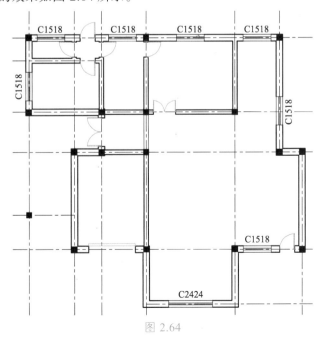

图 2.64

（三）门编号

（1）启用单行文字命令（快捷键 DT），在门所在位置点取合适点作为文字起点，当前文字样式选择"数字和字母"，文字高度设置为"350"，文字的旋转角度设置为"0"，输入文字"M0821"，如图 2.65 所示。

> ✕ 命令: _text
> 🔧 当前文字样式："数字和字母" 文字高度: 350.0000 注释性: 否 对正: 左
> 指定文字的起点 或 [对正(J)/样式(S)]:
> 指定高度 <350.0000>: 350
> 指定文字的旋转角度 <0>: 0

（a）

> ✕ TEXT
> 🔧 当前文字样式："数字和字母" 文字高度: 350.0000 注释性: 否 对正: 左
> 指定文字的起点 或 [对正(J)/样式(S)]:
> 指定高度 <350.0000>: 350
> 指定文字的旋转角度 <0>: 90

（b）

图 2.65

注意：横向文字的旋转角度设置为"0"，竖向文字的旋转角度设置为"90"。

（2）完成一个门编号的绘制后，利用复制，依次在所有门处创建门编号，不一样的编号，可使用文字编辑命令进行修改，完成效果如图 2.66 所示。

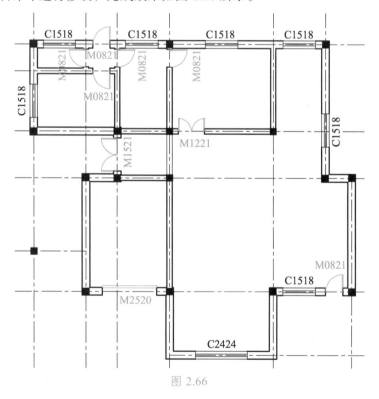

图 2.66

在 AutoCAD 软件中绘制平开门，可用矩形和圆弧命令进行绘制，当建筑平面图中的门大小不一、开启方式不同时，可使用块命令完成不同大小及不同开启方向的门的创建。本节课主要学习了建筑平面图中门洞口的修剪及门的绘制方法，主要使用了偏移、修剪、矩形、圆弧、创建块、插入块等命令，学生在掌握各命令绘制门的同时，更要学会命令的灵活应用。

拓展笔记

巩固练习

1. 单选题

（1）平面图中的门一般用矩形表示门的宽度和厚度，用（　　）弧线表示其开启方向。

    A. 75°、60°或 45°　　　　　　　　　　　　B. 90°、75°或 45°

    C. 90°、60°或 45°　　　　　　　　　　　　D. 60°、45°或 30°

（2）在 AutoCAD 中画圆弧的命令是（　　）。

    A. Circle　　　　　　　B. Line　　　　　　C. Arc　　　　　　　　D. Polygon

（3）下列方法中，哪一项不能绘制圆弧？（　　）

    A. 起点、圆心、终点　　　　　　　　　　B. 起点、圆心、方向

    C. 起点、终点、半径　　　　　　　　　　D. 起点、圆心、角度

（4）按比例改变图形实际大小的命令是（　　）。

    A. Zoom 或 Scale　　　　　　　　　　　　B. Zoom

    C. Scale　　　　　　　　　　　　　　　　D. Rotate

（5）关于旋转生成图形的命令，不正确的是（　　）。

    A. 可以对圆弧旋转　　　　　　　　　　　B. 旋转对象可以跨越旋转轴两侧

    C. 按照所选轴的方向进行旋转　　　　　　D. 按照所确定的角度进行旋转

（6）下列对于图块描述错误的是（　　）。

A. 块是形成单个对象的多个对象的集合

B. 组成块的图形对象可以在不同的图层，可以具有不同的颜色、线型、线宽

C. 图块常常是插入在当前层，在引用图块时将不再保留对象的原始特征信息

D. 可以将块分解为下一级组成对象，修改这些对象和重定义块

2. 判断题

（1）图块在插入到图中时可调整图块中图形的大小和角度。（　　）

（2）使用"镜像"命令对图形进行镜像操作时，首先应在命令行提示后选择要进行镜像的图形对象，然后分别指定镜像线的第一点和第二点，最后根据情况确定是否将源图形对象进行删除处理。（　　）

（3）插入图块时，在"插入"对话框中勾选和不勾选"分解"，二者并无区别。（　　）

（4）用 BLOCK 命令建立的图块是内部图块，只能插入到生成它的图形文件中去。（　　）

参考答案：

1. 单选题

（1）C　　（2）C　　（3）B　　（4）C　　（5）B　　（6）C

2. 判断题

（1）√　　（2）√　　（3）×　　（4）√

任务八　楼梯绘制

楼梯是多层建筑上下交通的主要设施，一般由楼梯段、楼梯平台和栏杆组成。楼梯平面图是楼梯间的水平剖面图，剖切位置位于各层上行第一梯段上。首层楼梯平面图、标准层楼梯平面图、顶层楼梯平面图形式有所不同，如图 2.67 所示。在 AutoCAD 软件中绘制平面楼梯，可用直线、偏移或阵列、矩形、多段线等命令绘制。

楼梯绘制

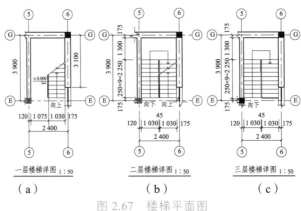

|（a）|（b）|（c）|
|一层楼梯详图 1∶50|二层楼梯详图 1∶50|三层楼梯详图 1∶50|

图 2.67　楼梯平面图

一、任务内容

运用 AutoCAD 软件绘制建筑平面楼梯图。

二、学习目标

（1）熟悉直线、偏移或阵列、矩形、打断、多段线等命令的功能；

（2）能够运用直线、偏移或阵列、矩形、打断、多段线等命令绘制建筑平面楼梯图；

（3）提高学生分析问题、解决问题的能力，培养学生科学严谨的学习态度。

三、任务步骤

（1）将"楼梯"图层设置为当前图层。

（2）绘制第一条踏步线。启用偏移命令，将 E 轴向上偏移 175，确定上行梯段第一个踏步的位置。启用直线命令（快捷键 L），绘制上行梯段第一个踏步水平投影线。打开对象捕捉功能（快捷键 F3）、正交功能（快捷键 F8），使用对象捕捉功能捕捉踏步线起点作为直线第一点，向左输入 1030，完成第一条踏步线绘制，如图 2.68 所示。

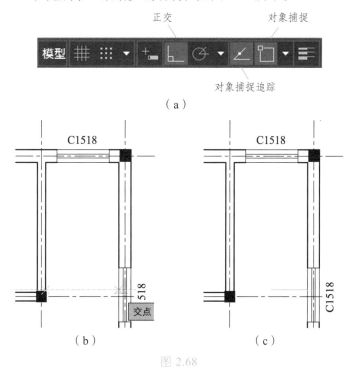

图 2.68

（3）绘制其他踏步线。启用阵列命令（快捷键 AR），选矩形阵列，在功能区阵列创建设置中，设置列数为 1，行数为 9，介于（行间距）为 250，设置完成后点击"关闭阵列"，完成其他踏步线绘制，如图 2.69 所示。

（a）

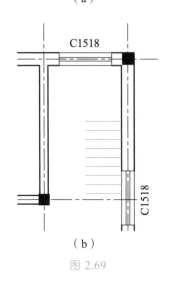

C1518

C1518

（b）

图 2.69

（4）绘制梯井。启用矩形命令（快捷键 REC），捕捉第一个踏步线左端点作为矩形第一个角点，命令行提示指定另一个角点时输入"@-45,1360"，完成梯井绘制，如图 2.70 所示。

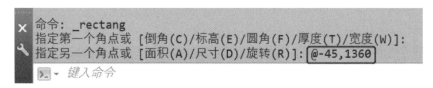

命令: _rectang
指定第一个角点或 [倒角(C)/标高(E)/圆角(F)/厚度(T)/宽度(W)]:
指定另一个角点或 [面积(A)/尺寸(D)/旋转(R)]: @-45,1360

键入命令

（a）

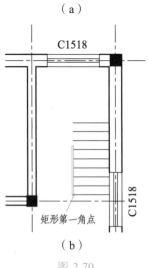

C1518

C1518

矩形第一角点

（b）

图 2.70

（5）绘制折断符号。关闭正交功能，启用直线命令（快捷键 L），捕捉梯井右上角点，绘制如图 2.71（a）所示直线；启用打断线命令（快捷键 BR），选取两点，将直线中间部位打断，如图 2.71（b）所示；启用直线命令，绘制折线，再启用修剪命令（快捷键 TR），修剪多余线条，完成打断线绘制，如图 2.71（c）所示。

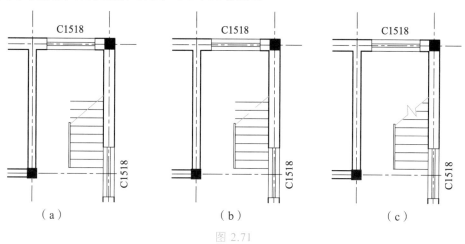

图 2.71

（6）绘制上行方向线。打开正交功能，启用多段线命令（快捷键 PL），使用对象追踪功能捕捉第一条踏步线中点以下合适位置作为多段线起点，如图 2.72（a）所示。指定下一点时，在起点正上方合适位置点鼠标左键确定多段线第二点，如图 2.72（b）所示，然后输入："W"，指定起点宽度为 100，端点宽度为 0，向上绘制出箭头，如图 2.72（c）（d）所示。

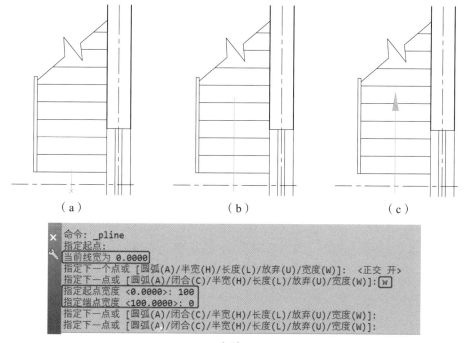

图 2.72

（7）输入文字。启用单行文字命令（快捷键 DT），根据命令行提示，设置文字样式为"HZ"，文字高度为 350，输入文字"向上"。完成一层平面楼梯上行线文字注释，如图 2.73 所示。

```
命令：_text
当前文字样式："HZ" 文字高度：500.0000 注释性：否 对正：左
指定文字的起点 或 [对正(J)/样式(S)]：S
输入样式名或 [?] <HZ>：HZ
当前文字样式："HZ" 文字高度：500.0000 注释性：否 对正：左
指定文字的起点 或 [对正(J)/样式(S)]：
指定高度 <500.0000>：350
指定文字的旋转角度 <0>：
```

（a）

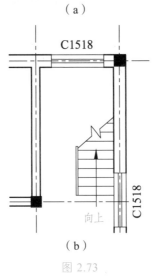

（b）

图 2.73

（8）绘制楼梯间剖切符号。剖切符号线由剖切位置线和投射方向线组成，均以粗实线绘制。建筑制图标准中规定，剖切位置线用两小段粗实线绘制，长度宜为 6 ~ 10 mm，投射方向线表明剖面图的投射方向，画在剖切位置线的两端同一侧且与剖切位置线垂直，长度宜为 4 ~ 6 mm。

启用多段线命令（快捷键 PL），设置多段线宽度为 20，剖切位置线长度为 800，投射方向线长度为 500，如图 2.74（a）所示，绘制剖切符号。

启用单行文字命令（快捷键 DT），根据命令行提示，设置文字样式为"数字和字母"，文字高度为 350，输入文字"1"，完成剖切符号编号。一层平面楼梯绘制完成效果如图 2.74（b）所示。

```
命令：_pline
指定起点：
当前线宽为 20.0000
指定下一个点或 [圆弧(A)/半宽(H)/长度(L)/放弃(U)/宽度(W)]：w
指定起点宽度 <20.0000>：20
指定端点宽度 <20.0000>：20
指定下一个点或 [圆弧(A)/半宽(H)/长度(L)/放弃(U)/宽度(W)]：800
指定下一点或 [圆弧(A)/闭合(C)/半宽(H)/长度(L)/放弃(U)/宽度(W)]：500
指定下一点或 [圆弧(A)/闭合(C)/半宽(H)/长度(L)/放弃(U)/宽度(W)]：
```

（a）

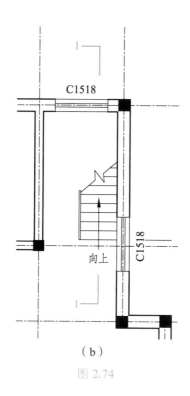

C1518

C1518

向上

（b）

图 2.74

四、任务总结

本节课主要学习了建筑平面图中楼梯的绘制方法。在 AutoCAD 软件中绘制楼梯，除使用熟悉的直线、矩形命令外，还用到了阵列、打断、多段线命令。学生在巩固旧命令的同时，更要掌握新命令的功能，并要学会命令的灵活应用。

拓展笔记

巩固练习

1. 单选题

（1）楼梯是多层建筑上下交通的主要设施，一般由（　）组成。

 A. 楼梯段、楼梯平台　　　　　　　B. 楼梯段、楼梯平台和栏杆

 C. 楼梯平台、栏杆　　　　　　　　D. 楼梯平台、栏杆和栏板

（2）楼梯平面图是楼梯间的水平剖面图，剖切位置位于各层上行第（　）梯段上。

 A. 一　　　　　　B. 二　　　　　　C. 三　　　　　　D. 四

（3）多段线是由（　）或（　）等多条线段构成的特殊线段。

 A. 直线 圆弧　　　B. 线段 射线　　　C. 构造 线圆　　　D. 圆 圆弧

（4）绘制多段线的快捷键是（　）。

 A. L　　　　　　B. Pl　　　　　　C. Ml　　　　　　D. A

（5）画多段线时，用哪个选项可以改变线宽？（　）

 A. 宽度　　　　　B. 方向　　　　　C. 半径　　　　　D. 长度

（6）在 CAD 中用文本工具输入文字时显示"？？？"，应修改（　）。

 A. 颜色　　　　　B. 高度　　　　　C. 字体　　　　　D. 角度

（7）打断命令的快捷键是（　）。

 A. S　　　　　　B. Ex　　　　　　C. Len　　　　　　D. Br

2. 判断题

（1）打断命令就是将图形进行分段，使其形成两个图形。（　）

（2）要始终保持图元的颜色与图层的颜色一致，图元的颜色应设置为 Bylayer。（　）

（3）执行 ROTATE 命令时输入的角度值根据正、负执行旋转方向。（　）

3. 操作题

应用"多段线"绘图命令绘制如图 2.75 所示钢筋弯钩图（水平段长度自定尺寸，d 为钢筋直径值）。

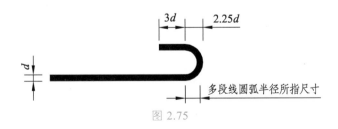

图 2.75

参考答案：

1. 单选题

（1）B　　（2）A　　（3）A　（4）B　（5）A　（6）C　（7）D

2. 判断题

（1）×　　（2）√　　（3）√

3. 操作题

操作提示：

启用"PLINE"命令；

指定起点：//在绘图区域单击确定起点；

指定下一个点或 [圆弧（A）/半宽（H）/长度（L）/放弃（U）/宽度（W）]:输入"W"↙；

指定起点宽度 < >: 10↙ //钢筋取 ϕ10；

指定端点宽度 <10.0000>:10↙；

指定下一个点或 [圆弧（A）/半宽（H）/长度（L）/放弃（U）/宽度（W）]: //在绘图区单击确定第二点；

指定下一点或 [圆弧（A）/闭合（C）/半宽（H）/长度（L）/放弃（U）/宽度（W）]:A↙；

指定圆弧的端点（按住 Ctrl 键以切换方向）或[角度（A）/圆心（CE）/闭合（CL）/方向（D）/半宽（H）/直线（L）/半径（R）/第二个点（S）/放弃（U）/宽度（W）]:A↙；

指定夹角:180↙；

指定圆弧的端点（按住 Ctrl 键以切换方向）或 [圆心（CE）/半径（R）]:R↙；

指定圆弧的半径:17.5↙ //此处半径为：22.5 – 5=17.5；

指定圆弧的弦方向（按住 Ctrl 键以切换方向）<0>: 90↙；

指定圆弧的端点（按住 Ctrl 键以切换方向）或[角度（A）/圆心（CE）/闭合（CL）/方向（D）/半宽（H）/直线（L）/半径（R）/第二个点（S）/放弃（U）/宽度（W）]:L↙；

指定下一点或 [圆弧（A）/闭合（C）/半宽（H）/长度（L）/放弃（U）/宽度（W）]:30↙；

指定下一点或 [圆弧（A）/闭合（C）/半宽（H）/长度（L）/放弃（U）/宽度（W）]: *取消* //"Esc"退出命令。

任务九　台阶、坡道、散水绘制

台阶、坡道、散水都属于建筑物的室外构件，展现在建筑平面图中，多为一些线条，在 AutoCAD 软件中绘制台阶、坡道、散水，可用直线、多段线、偏移命令绘制。

台阶、坡道、散水绘制

一、任务内容

（1）运用 AutoCAD 软件绘制建筑平面台阶图；
（2）运用 AutoCAD 软件绘制建筑平面坡道图；
（3）运用 AutoCAD 软件绘制建筑平面散水图。

二、学习目标

（1）熟悉直线、多段线、偏移等命令的功能；
（2）能够运用直线、多段线、偏移等命令绘制建筑平面台阶、坡道、散水图；
（3）提高学生分析问题、解决问题的能力，培养学生科学严谨的学习态度。

三、任务步骤

（一）绘制小别墅东南角台阶

（1）将"台阶、坡道、散水"图层设置为当前图层。

（2）绘制辅助线。启用偏移命令（快捷键 O），将轴线 B 向下偏移 2 000，轴线 7 向右偏移 1 200，轴线 B 向上偏移 1 200，如图 2.76 所示。

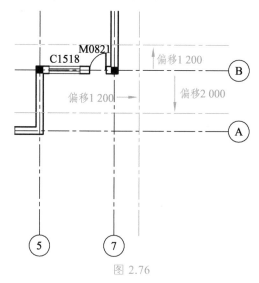

图 2.76

（3）绘制台阶踏步线。启用多段线命令（快捷键 PL）沿偏移的辅助线绘制最上一级台阶水平投影线，如图 2.77（a）所示；启用偏移命令（快捷键 O），偏移距离设置为 300，将最上一级台阶水平投影线向右偏移两次，偏移完成，删除辅助线，完成台阶绘制，如图 2.77（b）所示。

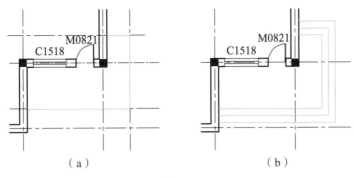

（a）　　　　　　　　　　　　　　　（b）

图 2.77

（二）绘制小别墅西南侧台阶

1. 绘制辅助线

启用偏移命令（快捷键O），将轴线B向上偏移475，如图2.78所示。

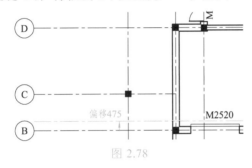

图 2.78

2. 绘制台阶踏步线

启用多段线命令（快捷键PL），捕捉1轴交E轴柱子左下角点为多段线起点，向下绘制至辅助线位置，再向右绘制至2轴墙体处，如图2.79（a）所示；启用偏移命令（快捷键O），偏移距离设置为300，将刚绘制的台阶踏步线向左连续偏移两次，偏移完成，补齐台阶线，删除辅助线，完成台阶绘制，如图2.79（b）所示。

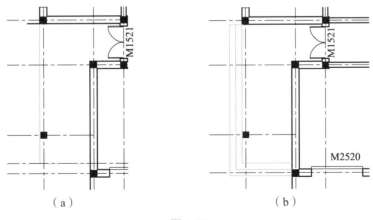

（a）　　　　　　　　　　　　　　　（b）

图 2.79

（三）绘制小别墅南侧坡道

1. 绘制辅助线

启用偏移命令（快捷键 O），将轴线 B 向下偏移 2 425，轴线 2 向右偏移 175，如图 2.80 所示。

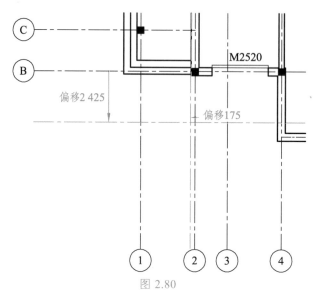

图 2.80

2. 绘制坡道

启用多段线命令（快捷键 PL），捕捉 2 轴交 B 轴柱子左下角点为多段线起点，向下绘制至水平辅助线位置，再向右绘制至 4 轴墙体处，删除辅助线，完成坡道绘制，如图 2.81 所示。

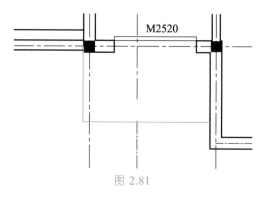

图 2.81

（四）绘制小别墅北侧坡道

1. 绘制辅助线

启用偏移命令（快捷键 O），将轴线 G 向上偏移 1 375，轴线 4 向左偏移 150，如图 2.82 所示。

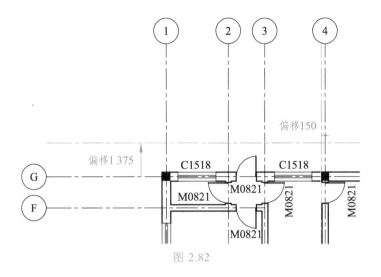

图 2.82

2. 绘制台阶

启用多段线命令（快捷键 PL），沿辅助线绘制如图 2.83 所示台阶平面图。

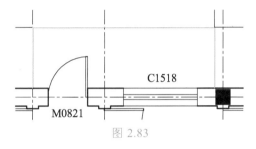

图 2.83

3. 绘制护栏

启用多段线命令（快捷键 PL），线宽设置为 5，在台阶轮廓线内侧合适位置绘制如图 2.84 所示多段线作为台阶护栏。

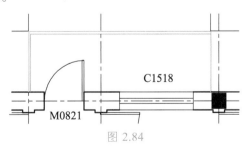

图 2.84

4. 文字注释

启用单行文字命令（快捷键 DT），根据命令行提示，设置文字样式为"HZ"，文字高度为 350，输入文字"护栏"，并用直线绘制引线。完成护栏文字注释，如图 2.85 所示。

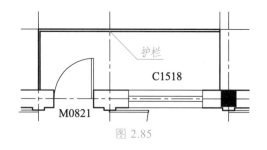

图 2.85

（五）绘制散水

1. 绘制辅助线

启用偏移命令（快捷键 O），将轴线 1 向左偏移 775（散水宽度 600+半墙厚 175），将轴线 G、轴线 D 分别向上偏移 775，将轴线 6、轴线 7 分别向右偏移 775，完成辅助线绘制，如图 2.86 所示。

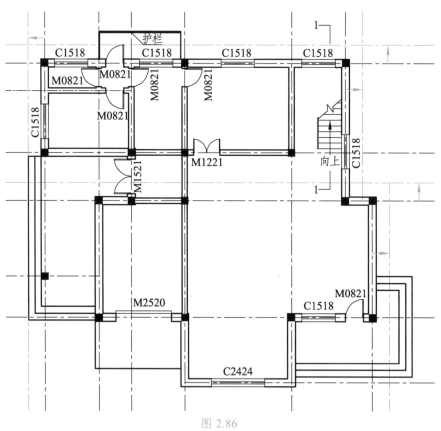

图 2.86

2. 绘制散水平面图

启用多段线命令（快捷键 PL），沿辅助线绘制如图 2.87 所示散水平面图。

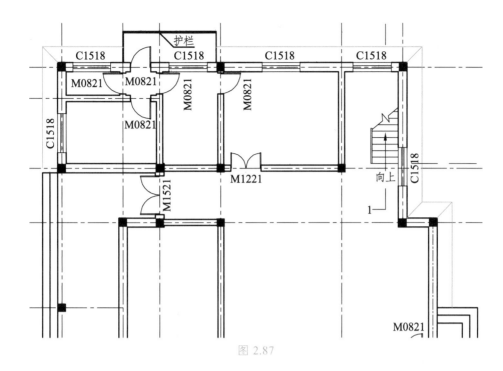

图 2.87

四、任务总结

本节课主要学习了建筑平面图中台阶、坡道、散水的绘制，主要使用多段线、偏移命令。学生在熟练使用命令的同时，要学会命令的灵活应用，更要掌握台阶、坡道、散水绘制的方法。

拓展笔记

1. 单选题

（1）台阶的阶数一般不会很多，但不宜少于（　　）步。

　　A. 4　　　　　　　　B. 2　　　　　　　　C. 3　　　　　　　　D. 5

（2）室外台阶和坡道与双线墙（　　）有关。

　　A. 墙体宽度　　　　　B. 墙体角度　　　　C. 墙体高度　　　　D. 墙体长度

（3）下列哪一项属于修改命令?（　　）

　　A. L　　　　　　　　B. EL　　　　　　　C. CO　　　　　　　D. POL

（4）有关多段线的说法错误的是（　　）。

　　A. 是圆弧和直线的复合体

　　B. 首尾相连的多段线可以进行合并

　　C. 只有在画直线时才可以设置两端的宽度

　　D. 可以用来绘制箭头

（5）当使用 LINE 命令封闭多边形时，最快的方法是（　　）。

　　A. 输入 C 回车　　　　　　　　　　B. 输入 B 回车

　　C. 输入 PLOT 回车　　　　　　　　D. 输入 DRAW 回车

2. 判断题

（1）在任何一个图形中插入图块时，被插入的图块只能按原图形大小插入。（　　）

（2）所有的图层都能被删除。（　　）

（3）在同一张图纸上不能同时存在不同字体的文字。（　　）

3. 操作题

完成图 2.88 所示墙、门、台阶的绘制。

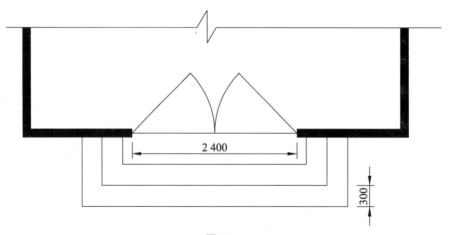

图 2.88

参考答案：

1. 单选题

（1）C （2）A （3）C （4）C （5）A

2. 判断题

（1） × （2）× （3）×

3. 操作题

操作提示：

（1）墙体的绘制采用"多段线"命令或"多线"命令完成。

（2）双开门的绘制采用"直线""圆弧"和"镜像"命令完成。

（3）台阶的绘制采用"多段线"和"偏移"命令完成。

任务十　尺寸标注

　　建筑施工图纸除了画出建筑物及其各部分的形状外，还必须准确地、详尽地和清晰地标注尺寸，以确定其大小，作为施工时的依据。

尺寸标注

　　一个完整的尺寸标注应由尺寸界线、尺寸线、尺寸起止符号和尺寸数字组成，如图 2.89（a）所示，尺寸界线应用细实线绘制，一般应与被注长度垂直，其一端应离开图样的轮廓线不小于 2 mm，另一端宜超出尺寸线 2～3 mm。必要时可利用轮廓线作为尺寸界线。尺寸线也应用细实线绘制，并应与被注长度平行，但不宜超出尺寸界线之外(特殊情况下可以超出尺寸界线之外)。图样上任何图线都不得用作尺寸线。尺寸起止符号一般应用中粗短斜线绘画，其倾斜方向应与尺寸界线成顺时针 45°角，长度宜为 2～3 mm。在轴测图中标注尺寸时，其起止符号宜用小圆点，如图2.89（b）所示。

　　国标规定，图样上标注的尺寸，除标高及总平面图以米（m）为单位外，其余一律以毫米（mm）为单位，图上尺寸数字都不再注写单位。

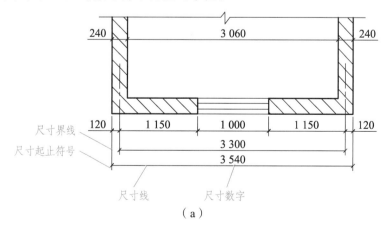

（a）

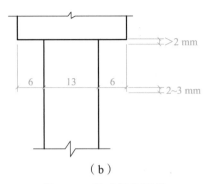

（b）

图 2.89　尺寸标注图样

一、任务内容

运用 AutoCAD 软件为建筑平面图进行相应部位的尺寸标注。

二、学习目标

（1）熟悉尺寸标注的组成与规则、尺寸样式的创建、尺寸标注、尺寸标注的编辑等命令的功能；

（2）能够创建正确的尺寸标注样式为建筑平面图进行相应部位的尺寸标注；

（3）提高学生分析问题、解决问题的能力，培养学生科学严谨的学习态度。

三、任务步骤

（一）创建标注样式

在 AutoCAD 中，使用"标注样式"可以控制标注的格式和外观，建立强制执行的绘图标准，并有利于对标注格式及用途进行修改。

执行命令后弹出"标注样式管理器"对话框，如图 2.90 所示。

图 2.90　"标注样式管理器"对话框

利用此对话框可方便直观地设置和浏览尺寸标注样式，包括建立新的标注样式、修改已存在的标注样式、设置当前尺寸标注样式、对样式进行重命名以及删除一个已存在的样式等。

操作步骤如下：

（1）在"标注样式管理器"对话框中点击"新建"按钮，将弹出"创建新标注样式"对话框，如图2.91所示。在此对话框中的"新样式名"文本框输入"建筑"；"基础样式"下拉列表用于选取创建新样式所基于的标注样式，"用于"下拉列表用于指定新尺寸标注样式的应用范围，选择系统默认选项即可。

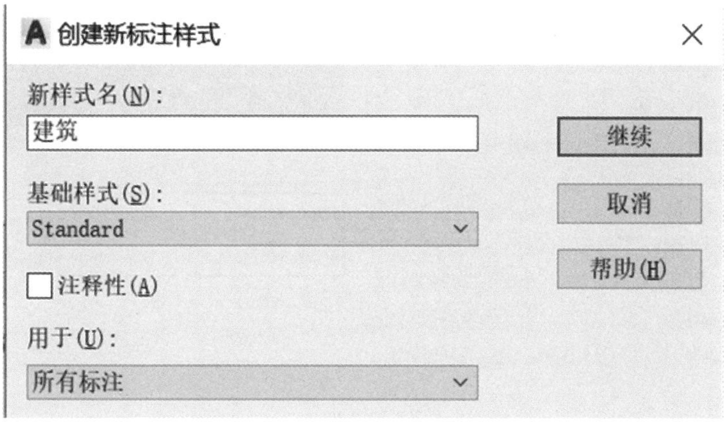

图2.91　"创建新标注样式"对话框

（2）在"创建新标注样式"对话框中点击"继续"按钮，将弹出"新建标注样式"对话框，如图2.92所示。

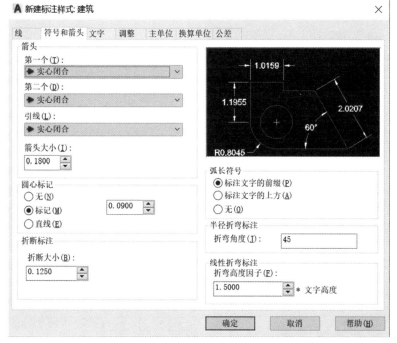

图2.92　"新建标注样式"对话框

按照建筑制图标准中的相关规定，分别在"线""符号和箭头""文字""调整""主单位"选项卡中对于尺寸线、尺寸界线、尺寸起止符号和尺寸数字进行设置。设置结果分别如图2.93 ~ 图 2.97 所示。

图 2.93　"建筑标注样式"线设置对话框

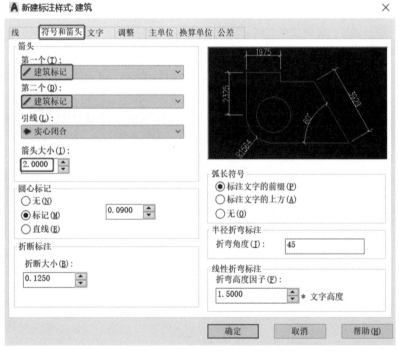

图 2.94　"建筑标注样式"符号和箭头设置对话框

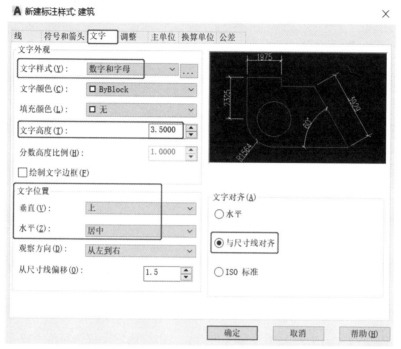

图 2.95　"建筑标注样式"文字设置对话框

注意：对于文字样式选项，如果用户已经创建过相关样式，直接点击下拉三角选择即可；如果没创建过，可以点击文字样式后的按钮 ... ，打开"文字样式"对话框创建所需样式。

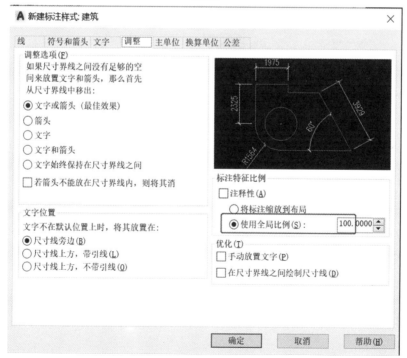

图 2.96　"建筑标注样式"调整选项卡设置对话框

图 2.97 "建筑标注样式"主单位选项卡设置对话框

按照上述图 2.93～图 2.97 所示设置完成后，点击"确定"按钮即可完成"建筑"的尺寸标注样式创建，这时在"标注样式管理器"对话框"样式"列表中就有了一个名为"建筑"的标注样式，如图 2.98 所示。

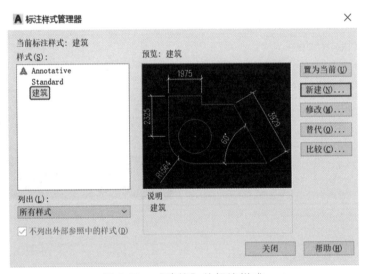

图 2.98 "建筑"的标注样式

注意：①"使用全局比例"文本框中的数值作为比例因子会缩放标注的文字和箭头的大小，但不改变标注的尺寸值。②"测量单位比例"选项组：使用"比例因子"文本框可以设置测量尺寸的缩放比例，AutoCAD 的实际标注值为测量值与该比例的乘积。选中"仅应用到布局标注"复选框，可以设置该比例关系仅适用于布局。

（二）尺寸标注

（1）绘制尺寸标注辅助线。

建筑制图标准中对于尺寸线间的距离要求是 7~10 mm，为了尺寸标注准确、清楚，在标注之前先绘制如下辅助线，辅助线之间的距离可设置为 700~1 000 mm，可将辅助线放在辅助线层或 0 层上，如图 2.99 所示。

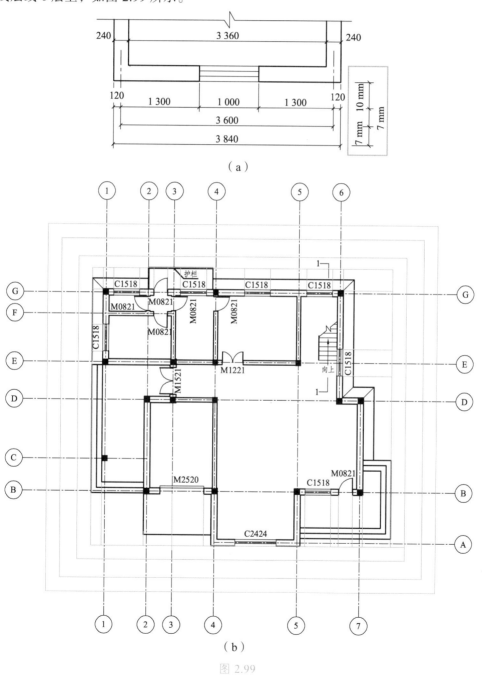

（a）

（b）

图 2.99

（2）将"标注"图层设置为当前图层。

（3）启用线性标注命令（快捷键 DLI），命令行提示指定第一个尺寸界线原点时，选择如图 2.100 所示的"尺寸界限 1"；提示指定第二条尺寸界线原点时，选择如图 2.100 所示的"尺寸界限 2"，然后拖动尺寸线到如图 2.100 所标尺寸线位置。

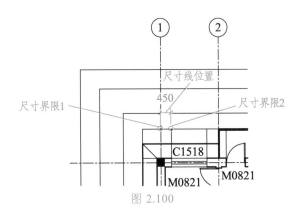

图 2.100

（4）启用连续标注命令（快捷键 DCO），从左向右依次选择如下点，完成窗户及窗间墙尺寸标注，如图 2.101 所示。

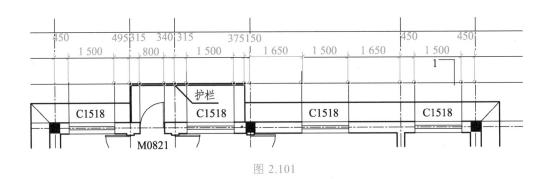

图 2.101

（三）尺寸标注的编辑

尺寸标注之后，如果需要改变尺寸线的位置、尺寸数字的大小等，就需要使用尺寸编辑命令。尺寸编辑包括样式的修改和单个尺寸对象的修改。通过修改尺寸样式，可以全部修改用该样式标注的尺寸。本示例尺寸标注编辑，只需要修改尺寸数字的位置，让尺寸数字相互错开，标注清楚。可直接选择需要修改的尺寸标注，激活尺寸数字上的夹点，移动尺寸数字到合适位置即可。编辑完成后如图 2.102 所示。

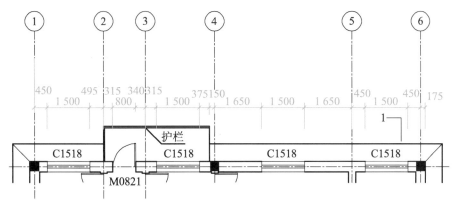

图 2.102

用同样的方法完成轴线间尺寸、总尺寸及其他方向尺寸的标注，尺寸标注完成后，关闭标注图层，将 0 层的辅助线选中删除。完成后如图 2.103 所示。

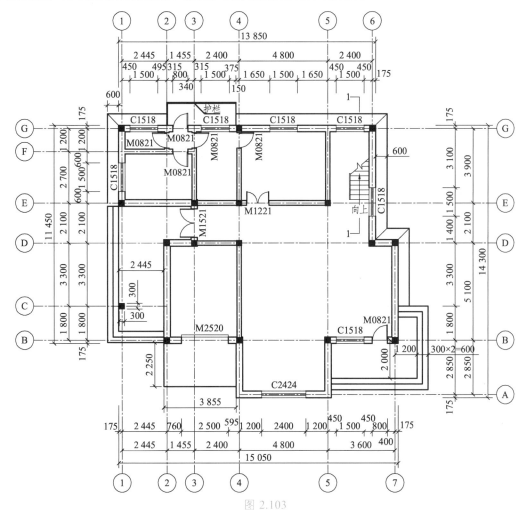

图 2.103

本节课主要学习了尺寸标注样式的创建、尺寸标注、尺寸标注编辑。在使用 AutoCAD 为建筑平面图进行尺寸标注时，一定要按建筑制图标准中尺寸标注的相关规定进行标注，标注的尺寸一定要准确、清楚。

拓展笔记

巩固练习

1. 单选题

（1）国标规定，图样上标注的尺寸，除标高及总平面图以米为单位外，其余一律以（ ）为单位，图上尺寸数字都不再注写单位。

    A. 分米   B. 厘米   C. 毫米   D. 微米

（2）一个完整的尺寸由（ ）几部分组成。

    A. 尺寸线、文本、箭头   B. 尺寸线、尺寸界线、文本、标记

    C. 基线、尺寸界线、文本、箭头

    D. 尺寸线、尺寸界线、尺寸数字、尺寸起止符号

（3）尺寸界线应用细实线绘画，一般应与被注长度垂直，其一端应离开图样的轮廓线不小于（ ），另一端宜超出尺寸线 2～3 mm。

    A. 1 mm   B. 2 mm   C. 3 mm   D. 4 mm

（4）想要标注倾斜直线的实际长度，应该选用（ ）。

    A. 线性标注   B. 对齐标注   C. 快速标注   D. 基线标注

（5）下列哪一项不属于标注类型？（ ）

    A. 对齐标注   B. 角度标注   C. 半径标注   D. 距离标注

（6）下列哪项不属于线性尺寸？（ ）

    A. 水平尺寸   B. 垂直尺寸   C. 对齐尺寸   D. 引线标注尺寸

（7）在 AutoCAD 中尺寸比例因子为 1 时，某尺寸标注的尺寸数字是 100，改尺寸比例因子为 2 后，尺寸数字 100 应变为（　　）。

　　A. 不改变　　　　　　　B. 200　　　　　　　C. 50　　　　　　　D. 其他

2. 判断题

（1）使用对齐标注命令对图形进行标注时，其尺寸线与标注对象平行，若是标注圆弧两个端点间的距离，则尺寸线与圆弧的两个端点所产生的弦保持平行。（　　）

（2）在标注对象角度的过程中，只可以选择构成角度的直线的方式来创建角度标注。（　　）

（3）使用连续标注命令对图形对象创建连续标注时，在选择基准标注后，只需要指定连续标注的延伸线原点，即可对相邻的图形对象进行标注。（　　）

（4）执行基线标注命令时，系统默认以最后一次标注的尺寸边界线为标注基线。（　　）

（5）在一张图中不能存在一种以上的尺寸标注样式。（　　）

3. 操作题

按照图 2.104 所示尺寸绘制图形并进行相应尺寸标注。

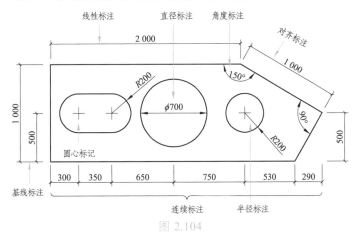

图 2.104

参考答案：

1. 单选题

（1）C　　（2）D　　（3）B　　（4）B　　（5）D　　（6）D　　（7）B

2. 判断题

（1）√　（2）×　　（3）√　　（4）√　　（5）×

3. 操作题

操作提示：

（1）执行"文字样式"命令，在打开的"文字样式"对话框中创建合适文字样式，用于尺寸标注。

（2）执行"标注样式"命令，在打开的"标注样式管理器"对话框中设置标注样式及半径标注、直径标注、角度标注分样式。

（3）启动相应尺寸标注命令进行对应尺寸标注。

任务十一　标高、指北针标注

标高是标注房屋建筑高度的一种尺寸标注形式，由标高符号和标高数字组成。在建筑一层平面图中需使用标高标注注明室外及室内标高。标高符号是用细实线绘制的等腰直角三角形表示，标高符号的尖端应指至被注高度的位置，尖端一般应向下，也可以向上。当标高符号指向下时，标高数字注写在左侧或右侧横线上方；当标高符号指向上时，标高数字注写在左侧或右侧横线下方。标高数应以米为单位，注写到小数点以后第三位。在总平面图中，可注写到小数点以后第二位。零点标高应注写成 ± 0.000，正数标高不注"+"，负数标高应注"－"。

标高、指北针标注

指北针用来表示建筑物的朝向。指北针用细实线绘制，圆的直径宜为 24 mm，指北针头部指向北，并在指北针头部注"北"或"N"字，指北针尾部宽度宜为 3 mm。当图纸较大时，指北针可放大，放大后的指北针，指针尾部宽度宜为直径的 1/8。

在 AutoCAD 软件中绘制标高符号可用直线命令绘制，绘制指北针可用圆和多段线绘制。

一、任务内容

（1）运用 AutoCAD 软件为建筑平面图标注室内外高差；
（2）运用 AutoCAD 软件为一层平面图绘制指北针。

二、学习目标

（1）熟悉直线、文字、属性图块、圆、多段线、矩形、偏移、拉伸、修剪等命令的功能；
（2）能够运用直线和文字命令或属性图块标注标高；能够运用圆、多段线命令绘制指北针；
（3）提高学生分析问题、解决问题的能力，培养学生科学严谨的学习态度。

三、任务步骤

（一）室内外高差标注（标高标注）

1. 标高标注方法一

（1）绘制标高符号。
启用直线命令，按照标高符号的规定画法绘制标高符号，如图 2.105 所示。

图 2.105

（2）为标高符号定义属性。
启用块："定义属性"命令（快捷键 ATT），进行属性设置，如图 2.106 所示。

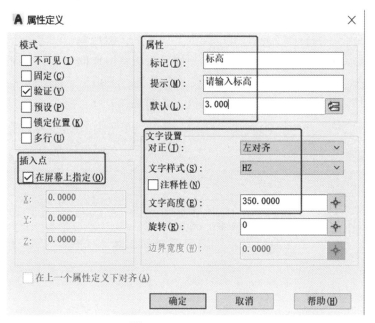

图 2.106

设置完成后，单击"确定"按钮，命令行提示"指定起点："，将标记文字插入标高符号合适位置，完成效果如图 2.107 所示。

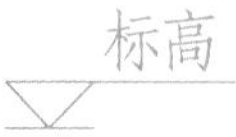

（3）创建图块。

启用块："创建图块"命令（快捷键 B），弹出"块定义"对话框。命名图块名称为"标高标注"，勾选"在屏幕上指定"复选框，点击"选择对象"按钮 ⊕，选择上一步骤所绘制的标高符号及文字为块对象，然后捕捉标高符号的尖端为基点，设置如图 2.108 所示。单击"确定"按钮，完成标高标注图块创建。

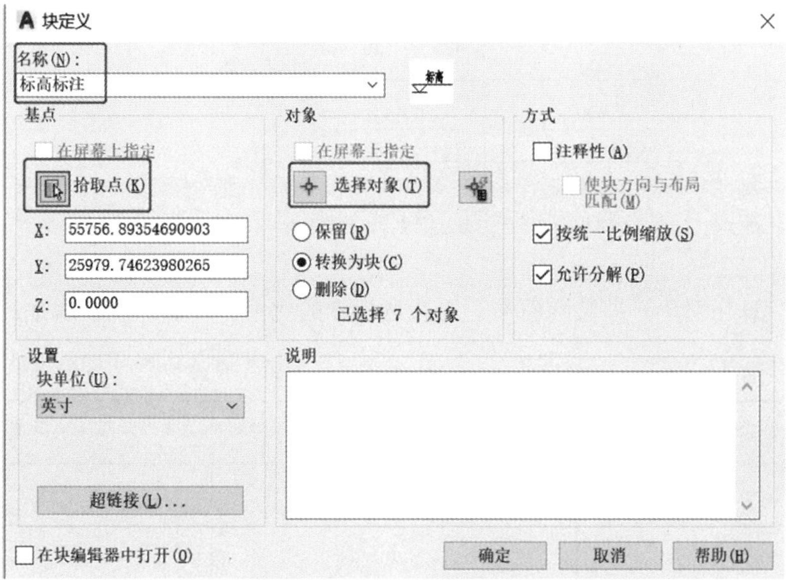

图 2.108

（4）插入图块。

启用插入块命令（快捷键 I），打开"插入"对话框，然后单击"名称下拉列表"找到刚才保存的图块，命令行提示指定插入点，在一层平面图室内点取一点，这时，弹出"编辑属性"对话框，输入"%%P0.000"，就完成了室内地坪"±0.000"标高的标注，如图 2.109（a）所示。再次执行插入块命令，插入其他标高值，如图 2.109（b）所示。

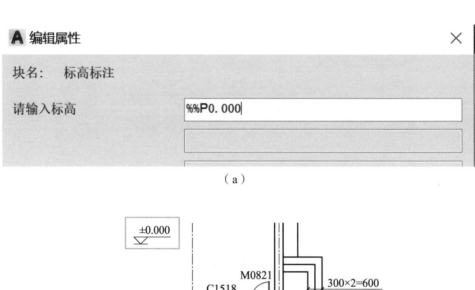

（a）

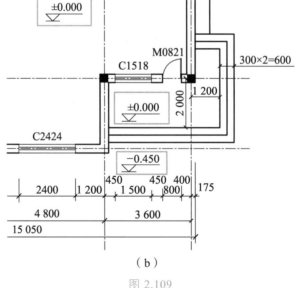

（b）

图 2.109

在 AutoCAD 中对于一些特殊符号，可通过特殊的代码进行输入，如表 2.2 所示。

表 2.2　AutoCAD 常用符号的输入代码

代码输入	字符	说明
%%p	±	正负公差符号
%%c	Φ	直径符号

代码输入	字符	说明
%%%	%	百分号符号
%%d	°	度
%%o	—	上划线
%%u	—	下划线

2. 标高标注方法二

（1）绘制标高符号。

（2）启用单行文字命令行（快捷键 DT），在标高符号上方合适位置点取一点作为文字插入点，根据命令行提示输入字体高度为 350，旋转角度为 0，输入文字"%%P0.000"。

（3）启用"复制"命令（快捷键 CO），将标高符号及标高值复制至其他需要标注标高的位置。

（4）启用"文字编辑"命令，修改标高值。可直接在数字上双击，成编辑状态时修改。

（二）绘制指北针

（1）绘制圆，启用圆命令（快捷键 C），绘制直径为 2 400 mm 的圆。

（2）启用"多段线"命令（快捷键 pl），绘制指北针。

多段线提供了绘制由若干直线和圆弧连接而成的不同宽度的曲线或折线，且是一个实体。建筑制图中常用来绘制钢筋、箭头、指北针等。

命令: _pline；

指定起点: // 捕捉圆的上象限点作为起点；

指定下一个点或 [圆弧（A）/半宽（H）/长度（L）/放弃（U）/宽度（W）]: //输入 w；

指定起点宽度 <0.0000>: //输入 0；

指定端点宽度 <0.0000>: //输入 300；

指定下一个点或 [圆弧（A）/半宽（H）/长度（L）/放弃（U）/宽度（W）]://捕捉圆的下象限点作为下一点，回车完成绘制。

（3）输入文字"北"。

启用单行文字命令行（快捷键 DT），在指北针针头上方合适位置点取一点作为文字插入点，根据命令行提示输入字体高度为 500，旋转角度为 0，输入文字"北"，完成指北针绘制，如图 2.110 所示。

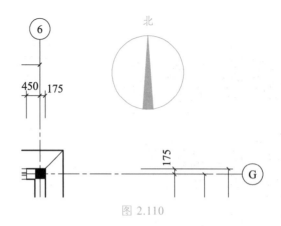

图 2.110

四、任务总结

本节课主要学习了标高标注及指北针绘制，主要使用直线、文字、属性图块、圆、多段线命令，要求学生在熟练使用命令绘制标高及指北针时，一定要符合建筑制图标准中对于标高符号和指北针的规定。

拓展笔记

巩固练习

1. 单选题

（1）标高是标注房屋建筑高度的一种尺寸标注形式，由标高符号和标高数字组成。标高数字应以（   ）为单位，注写到小数点以后第（   ）位。

  A. 米，二   B. 米，三   C. 毫米，二 D. 毫米，三

（2）标高符号是用细实线绘制的（   ）表示，标高符号的尖端应指向被注高度的位置，尖端一般应向下，也可以向上。

A. 等腰直角三角形   B. 等腰三角形

C. 直角三角形   D. 等边三角形

（3）当标高符号指向下时，标高数字注写在左侧或右侧横线（   ），当标高符号指向上时，标高数字注写在左侧或右侧横线（   ）。

A. 上方，上方   B. 下方，下方

C. 上方，下方   D. 下方，上方

（4）如何在图中输入"±"符号？（   ）

A. %%P   B. %%C   C. %%D   D. %%U

（5）如何在图中输入"直径"符号？（   ）

A. %%P   B. %%C   C. %%D   D. %%U

2. 判断题

（1）在 AutoCAD 中，Line、Arc、PLINE、Spline 等命令都具有绘制闭合图形的功能。（   ）

（2）绘制椭圆与绘制椭圆弧不是同一命令。（   ）

（3）在 AutoCAD 中，可在任何时候删除 0 层外的其他图层。（   ）

参考答案：

1. 单选题

（1）B   （2）A   （3）C   （4）A   （5）B

2. 判断题

（1）×   （2）×   （3）×

任务十二　图框绘制

图纸的幅面是指图纸本身的大小规格，分为横式和立式两种。图框是图纸上所供绘图的范围的边线，在图纸上必须用粗实线画出图框，并在图纸一侧留出装订边线。根据国家标准规定，按图面长和宽的大小确定图幅的等级。建筑常用的图幅有 A0（也称 0 号图幅，以此类推）、A1、A2、A3 及 A4，表 2.3 所示为图纸基本幅面的尺寸。在 AutoCAD 软件中绘制图框可用矩形、拉伸、偏移、修剪等命令绘制，如图 2.111 所示为图框格式。

图框绘制

表 2.3　图幅标准　　　　　　　　　　　　　单位：mm

尺寸代号	图幅代号				
	A0	A1	A2	A3	A4
$B \times L$	841×1 189	594×841	420×594	297×420	210×297
c	10			5	
a	25				

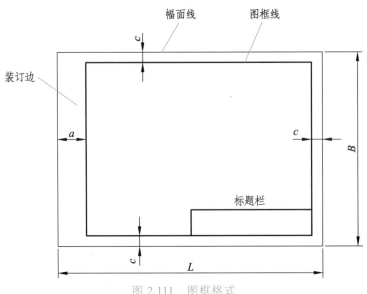

图 2.111　图框格式

一、任务内容

运用 AutoCAD 软件为建筑平面图绘制图框。

二、学习目标

（1）熟悉矩形、偏移、拉伸、修剪、写块等命令的功能；
（2）能够运用矩形、偏移、拉伸、修剪等命令绘制图框；
（3）提高学生分析问题、解决问题的能力，培养学生科学严谨的学习态度。

三、任务步骤

1. 绘制 A3 图纸边界

（1）新建 AutoCAD 文件；
（2）在新文件中启用矩形命令，绘制 42 000 × 29 700 的矩形。
命令：_rectang；
指定第一个角点或[倒角（C）/标高（E）/圆角（F）/厚度（T）/宽度（W）]: 0, 0；
指定另一个角点或[面积（A）/尺寸（D）/旋转（R）]: 42000, 29700。

2. 绘制 A3 图框

应用"偏移（快捷键 O）"命令和"拉伸（快捷键 ST）"命令绘制图框，如图 2.112 所示。

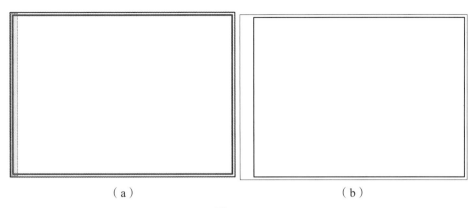

（a）　　　　　　　　　　　（b）

图 2.112

命令：_offset↙；

指定偏移距离或[通过（T）/删除（E）/图层（L）] <通过>: //500↙；

选择要偏移的对象，或[退出（E）/放弃（U）] <退出>: // 选择所绘矩形；

指定向哪侧偏移: //点击矩形内部任意点；

选择要偏移的对象，或[退出（E）/放弃（U）] <退出>: ↙；

命令：stretch↙；

以交叉窗口或交叉多边形选择要拉伸的对象: //以交叉窗口方式选择偏移后矩形的左边线；

选择对象: ↙；

指定基点或 [位移（D）] <位移>://选择矩形的左上角点作为基点；

指定第二个点或 <使用第一个点作为位移>: // 打开正交，输入 2000。

3. 绘制标题栏

（1）应用"矩形"命令（rectang）、分解命令（explode），"偏移"命令（offset）及修剪命令（trim）绘制如图 2.113 所示的标题栏。

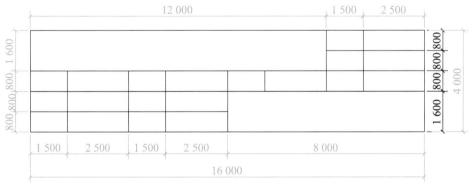

图 2.113

命令：_rectang；

指定第一个角点或[倒角（C）/标高（E）/圆角（F）/厚度（T）/宽度（W）]:// 在绘图区域任点一点；

指定另一个角点或 [面积（A）/尺寸（D）/旋转（R）]：//输入@16000，4000；

命令：_explode；

选择对象：//选择所绘矩形；

选择对象：✓；

命令：_offset；

指定偏移距离或 [通过（T）/删除（E）/图层（L）] <通过>：输入 800；

选择要偏移的对象，或 [退出（E）/放弃（U）] <退出>：选择矩形上边线；

指定要偏移的那一侧上的点，或 [退出（E）/多个（M）/放弃（U）] <退出>：在矩形内部任点一点。

使用同样方法完成标题栏内其他图线的偏移。

（2）应用修剪命令修剪掉多余线条，完成后图框如图 2.114 所示。

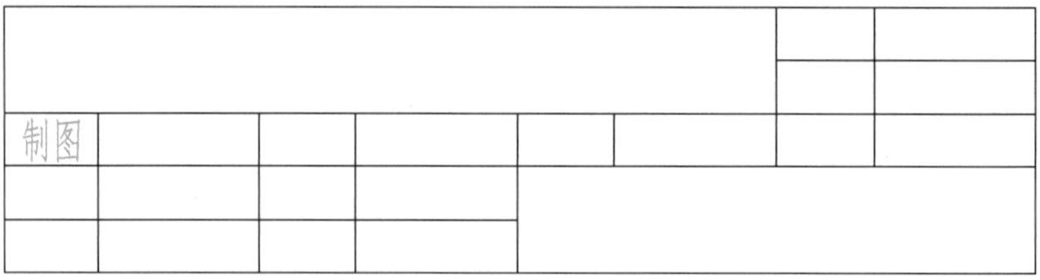

图 2.114

（3）启用单行文字命令（快捷键 DT），根据命令行提示，设置文字样式为"HZ"，文字高度为 500，输入文字"制图"。

（4）启用复制命令（快捷键 CO），将"制图"文字复制到其他单元格，并使用文字编辑命令对文字进行修改，如图 2.115 所示。

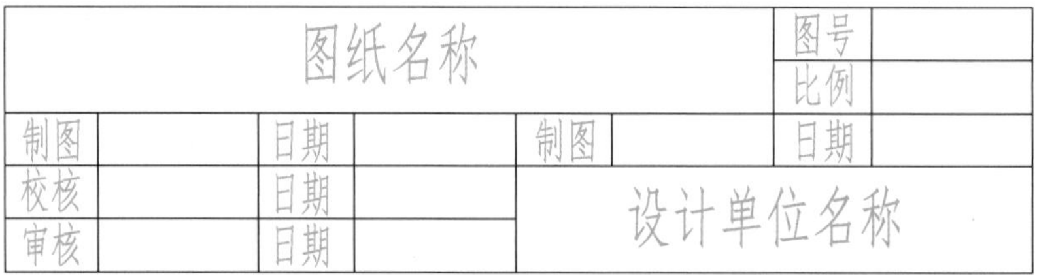

图 2.115

4. 定义外部图框

应用外部图块命令（Wblock）将该图框定义成外部图块，方便今后绘图使用。

外部块命令用来创建外部图块，相当于建立了一个单独的图形文件，保存在磁盘中，任何 AutoCAD 图形文件都可以调用，这对于协同工作的设计成员来说特别有用。

在命令行输入 Wblock（W）✓。

启用命令后，弹出"写块"对话框，点"对象"按钮，框选绘制的图框及标题栏，点"拾取点"按钮，在图框中心位置点取一点作为插入基点，点"文件名和路径"后的按钮，选择图块保存路径，并命名为"A3图框"，插入单位选择"毫米"，点击"确定"，完成图框外部图块的创建，如图 2.116 所示。

图 2.116

5. 插入 A3 图框

应用插入块命令（快捷键 I）将定义的 A3 图框插入到小别墅一层平面图中。

启用插入块命令后，弹出"插入"对话框，点击"浏览"按钮，在图框保存路径选择 A3 图框文件，插入点选择"在屏幕上指定"，完成图块插入，如图 2.117 所示。

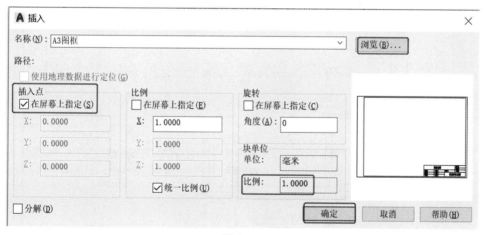

图 2.117

6. 添加图名

将插入的 A3 图框使用分解命令分解，使用文字编辑命令修改图纸名称为"一层平面图"，并启用单行文字命令在平面图下方添加图名（字高 700）和比例（字高 500），完成后效果如图 2.118 所示。

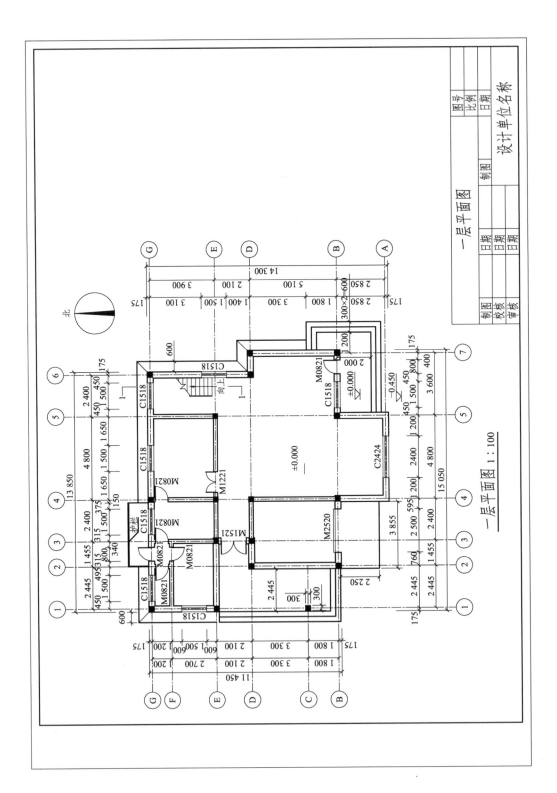

一层平面图 1：100

图 2.118 完成后效果图

100

四、任务总结

本节课主要学习了图框和标题栏的绘制，以及将图框定义为外部图块的方法。主要使用矩形、偏移、拉伸、修剪、写块等命令，要求学生在熟练使用命令绘制图框和标题栏的同时，还要掌握外部图块的定义方法。

拓展笔记

巩固练习

1. 单选题

（1）根据国家标准规定，A3 图幅的尺寸为 420 mm×297 mm，图幅线和图框线间距为（　　），装订边为（　　）。

  A. 5，25   B. 5，20   C. 10，25   D. 10，20

（2）图框是图纸上所供绘图的范围边线，在图纸上必须用（　　）画出图框，并在图纸一侧留出装订边线。

  A. 细实线   B. 细虚线   C. 粗实线   D. 点画线

（3）什么文件可以到所有文件中使用？（　　）

  A. 外部块文件   B. 矩形

  C. 另存的文件   D. 带有图层的文件

（4）在绘制建筑图形的过程中，经常会遇到绘制相同或相似的多个对象，对于这些对象只需要绘制出一个，其余的使用复制工具进行复制即可，这样可以大大提高工作效率。下列选项中不包括在复制类编辑命令中的是（　　）。

  A. 复制   B. 偏移   C. 阵列   D. 移动

（5）将矩形作 STRETCH 拉伸操作，选择实体时要保证（　　）。

  A. 矩形全部在选择窗口内   B. 移动端在选择窗口内

C. 任选　　　　　　　　　　　　　D. 固定端在选择窗口内

（6）在执行了 WBLOCK 命令后，图元消失，用（　　）命令可恢复图元。

　　A. UNDO　　　　　　B. REDO　　　　　　C. ERASE　　　　　　D. OOPS

2. 判断题

（1）每个图块都是一个整体，只有用 EXPLODE 命令分解它后才能对它做局部编辑。（　　）

（2）用 BLOCK 命令建立的图块是外部图块，可插入到不同的图形文件中去。（　　）

（3）ROTATE 命令也具有复制实体的功能。（　　）

3. 操作题

将如图 2.119 所示的指北针定义为外部图块。

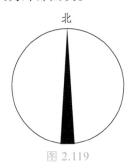

图 2.119

参考答案：

1. 单选题

（1）A　　（2）C　　（3）A　　（4）D　　（5）B　　（6）D

2. 判断题

（1）√　　（2）×　　（3）√

3. 操作题

操作提示：

（1）绘制指北针。

　　使用"圆"命令、"多段线"命令，并借助于对象捕捉功能，按建筑制图标准中对于指北针的尺寸要求绘制指北针。

（2）定义外部图块。

　　执行写块命令，打开"写块"对话框，单击"拾取点"按钮，拾取指北针的顶点为基点，单击"选择对象"按钮，选择绘制好的指北针作为对象，在"文件名和路径"文本框中输入图块名称为"指北针"，并点击按钮 ... 选择保存路径，最后点"确定"按钮保存即可。

项目三

建筑立面图绘制

  采用正投影原理，将建筑的外立面进行正面投影得到的图即为建筑立面图，按照建筑物的朝向，可将建筑立面图分为南立面图、北立面图、东立面图和西立面图；也可按照轴线首尾编号，将建筑立面图命名为 1-7 立面图、7-1 立面图、A-G 立面图、G-A 立面图。案例小别墅 1-7 轴立面图从方位朝向来判断为别墅南立面图。

  建筑立面图可以准确表达房屋长度、高度、层数、层高、门、窗、台阶、阳台、屋顶的构造形式和相关尺寸，以及立面上各种装饰线条、轮廓、材料和做法。一般只需要绘出看得见的轮廓线。

  下面以小别墅 1-7 轴立面图为例讲解建筑立面图的绘制，如图 3.1 所示。

图 3.1

任务一 创建图层及建筑立面轮廓

一、任务内容

运用 AutoCAD 软件创建图层和绘制建筑立面轮廓。

二、学习目标

（1）能够运用 AutoCAD 软件正确地创建图层和绘制建筑立面轮廓；
（2）培养学生严谨的科学态度、吃苦耐劳的品格；
（3）提高学生分析问题、解决问题、团队合作的能力。

三、任务步骤

1. 创建图层

小别墅 1-7 轴立面图绘制步骤　　立面图图层设置

从南立面方向观察，立面图包括柱子、墙体、门、窗、阳台栏杆、台阶、坡道、楼面、地面、屋面等对象，需绘制出以上部位的轮廓以及标注必要的轴线、尺寸、标高、图案填充。打开 AutoCAD 软件图层特性管理器，新建上述图层，修改图层名、图层颜色、线型和线宽。根据《房屋建筑制图统一标准》规定，立面图中主要可见轮廓线用中实线绘制，线型为连续（Continuous），线宽为 0.35 mm；标注和轴线编号图层线型为连续，细实线绘制，线宽为 0.18 mm；轴线图层线型为点划线（CENTER），细实线绘制，线宽为 0.18 mm。设置好的图层如图 3.2 所示。

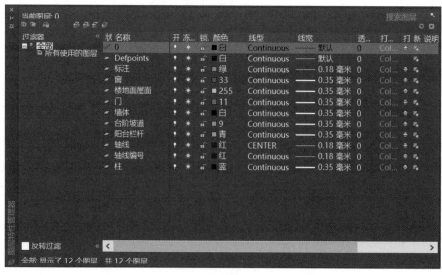

图 3.2

2. 绘制立面图轴网

使用直线、圆、文字等工具绘制 1、2、4、5、7 轴线，根据《房屋建筑制图统一标准》规定，轴线编号圆的半径为 5~8 mm，而建筑立面图打印比例为 1：100，因此绘制时应将圆半径尺寸先放大 100 倍，即 5 mm 的 100 倍为 500 mm；轴线编号文字使用数字字母样式，字体高度 700 mm，即 7 mm 的 100 倍，原因同上。文字样式设置与建筑平面图中所讲方法一致。绘制完成的轴网如图 3.3 所示。

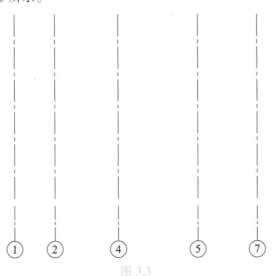

图 3.3

3. 绘制建筑立面轮廓

查看小别墅一层、二层、三层、屋顶平面图，小别墅台阶外轮廓线位于 1 轴线左侧和 7 轴线右侧；南立面外墙轮廓线从左向右分别位于 1、2、4、5、7 轴线处，其中 1、2、4 轴线向左偏移 175 mm，5、7 轴线向右偏移 175 mm，即为外墙轮廓线。屋檐边缘靠近 4、5、7 轴线，4 轴线

建筑立面图轮廓线

向左偏移 675 mm，5、7 轴线向右偏移 675 mm，即为屋檐边缘线。由低向高小别墅南立面需要绘制地坪、台阶、坡道轮廓线、二层三层楼板位置线、阳台轮廓线、女儿墙、屋檐位置线。

（1）南立面外墙轮廓线绘制过程如下：

命令：OFFSET；

当前设置：删除源=否   图层=源   OFFSETGAPTYPE=0；

指定偏移距离或[通过（T）/删除（E）/图层（L）] <通过>：键盘输入数字 175；

选择要偏移的对象，或[退出（E）/放弃（U）] <退出>：鼠标左键选择 1 轴线；

指定要偏移的那一侧上的点，或[退出（E）/多个（M）/放弃（U）] <退出>：鼠标左键点击 1 轴线左边空白位置；

选择要偏移的对象，或[退出（E）/放弃（U）] <退出>:鼠标左键选择 2 轴线；

指定要偏移的那一侧上的点，或 [退出（E）/多个（M）/放弃（U）] <退出>：鼠标左键点击 2 轴线左边空白位置；

选择要偏移的对象，或[退出（E）/放弃（U）] <退出>：鼠标左键选择 4 轴线；

指定要偏移的那一侧上的点，或[退出（E）/多个（M）/放弃（U）] <退出>: 鼠标左键点击 4 轴线左边空白位置；

选择要偏移的对象，或[退出（E）/放弃（U）] <退出>: 鼠标左键选择 5 轴线；

指定要偏移的那一侧上的点，或 [退出（E）/多个（M）/放弃（U）] <退出>: 鼠标左键点击 5 轴线右边空白位置；

选择要偏移的对象，或 [退出（E）/放弃（U）] <退出>:鼠标左键选择 7 轴线；

指定要偏移的那一侧上的点，或[退出（E）/多个（M）/放弃（U）] <退出>: 鼠标左键点击 7 轴线右边空白位置。

南立面外墙轮廓线绘制后如图 3.4 所示。

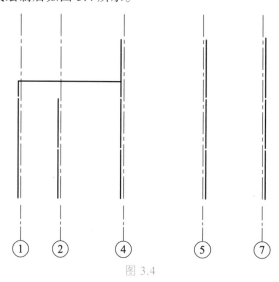

图 3.4

（2）－0.450 标高轮廓线绘制过程如下：

命令: _line；

指定第一个点:鼠标左键点击 1 轴线左侧空白位置；

指定下一点或 [放弃（U）]:鼠标左键点击 7 轴线右侧空白位置。

（3）±0.000 标高轮廓线绘制过程如下：

命令: OFFSET；

指定偏移距离或 [通过（T）/删除（E）/图层（L）] <通过>: 键盘输入数字 450；

选择要偏移的对象，或 [退出（E）/放弃（U）] <退出>: 鼠标左键选择－0.450 标高轮廓线；

指定要偏移的那一侧上的点，或 [退出（E）/多个（M）/放弃（U）] <退出>:鼠标左键点击－0.450 标高轮廓线上方空白位置；

选择要偏移的对象，或 [退出（E）/放弃（U）] <退出>:鼠标右键点击选择确认。

（4）3.000 标高轮廓线绘制过程如下：

命令: OFFSET；

指定偏移距离或 [通过（T）/删除（E）/图层（L）] <通过>: 键盘输入数字 3000；

选择要偏移的对象，或 [退出（E）/放弃（U）] <退出>: 鼠标左键选择±0.000 标高轮廓线；

指定要偏移的那一侧上的点，或[退出（E）/多个（M）/放弃（U）] <退出>: 鼠标左键点击±0.000标高轮廓线上方空白位置；

选择要偏移的对象，或 [退出（E）/放弃（U）] <退出>:鼠标右键点击选择确认。

（5）6.000标高轮廓线绘制过程如下：

命令: OFFSET；

指定偏移距离或 [通过（T）/删除（E）/图层（L）]<通过>: 键盘输入数字6000；

选择要偏移的对象，或 [退出（E）/放弃（U）] <退出>:鼠标左键选择3.000标高轮廓线；

指定要偏移的那一侧上的点，或 [退出（E）/多个（M）/放弃（U）] <退出>:鼠标左键点击3.000标高轮廓线上方空白位置；

选择要偏移的对象，或 [退出（E）/放弃（U）] <退出>:鼠标右键点击选择确认。

（6）9.500标高轮廓线绘制过程如下：

命令: OFFSET；

指定偏移距离或 [通过（T）/删除（E）/图层（L）]<通过>: 键盘输入数字3500；

选择要偏移的对象，或 [退出（E）/放弃（U）] <退出>:鼠标左键选择6.000标高轮廓线；

指定要偏移的那一侧上的点，或 [退出（E）/多个（M）/放弃（U）] <退出>:鼠标左键点击6.000标高轮廓线上方空白位置；

选择要偏移的对象，或 [退出（E）/放弃（U）] <退出>:鼠标右键点击选择确认。

（7）二、三层楼板轮廓线及屋檐轮廓线绘制过程如下：

命令: OFFSET；

指定偏移距离或 [通过（T）/删除（E）/图层（L）]<175.0000>: 键盘输入数字150；

选择要偏移的对象，或 [退出（E）/放弃（U）] <退出>:鼠标左键选择3.000标高轮廓线；

指定要偏移的那一侧上的点，或 [退出（E）/多个（M）/放弃（U）] <退出>: 鼠标左键点击3.000标高轮廓线下方空白位置；

选择要偏移的对象，或 [退出（E）/放弃（U）] <退出>:鼠标左键选择6.000标高轮廓线；

指定要偏移的那一侧上的点，或 [退出（E）/多个（M）/放弃（U）] <退出>: 鼠标左键点击6.000标高轮廓线下方空白位置；

选择要偏移的对象，或 [退出（E）/放弃（U）] <退出>: 鼠标右键点击选择确认。

命令: OFFSET；

指定偏移距离或 [通过（T）/删除（E）/图层（L）]<175.0000>: 键盘输入数字125；

选择要偏移的对象，或 [退出（E）/放弃（U）] <退出>: 鼠标左键选择9.500标高轮廓线；

指定要偏移的那一侧上的点，或 [退出（E）/多个（M）/放弃（U）] <退出>: 鼠标左键点击9.500标高轮廓线下方空白位置；

选择要偏移的对象，或 [退出（E）/放弃（U）] <退出>: 鼠标右键点击选择确认。

然后用直线工具将楼板边缘轮廓绘制完整，修剪多余的线段，建筑立面轮廓绘制完成，如图3.5所示。

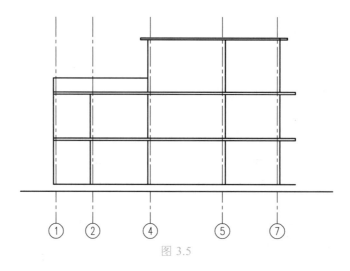

图 3.5

建筑立面图主要反映房屋的体型和外貌、门窗的形式和位置、楼层和标高、墙面的材料和装修做法等,是施工的重要依据。建筑立面轮廓的绘制是后续绘制立面门窗、阳台、台阶、屋顶等的基础,准确绘制非常重要。

本任务是在识读建筑各层平面图的基础上,准确得到建筑立面各主要部位的位置及尺寸,使用 AutoCAD 软件直线、圆、文字、复制、偏移等工具绘制出建筑立面轮廓线。

拓展笔记

_____

_____

_____

_____

_____

巩固练习

1. 单选题

(1) 建筑工程图纸中,标高的单位通常是(   )。

    A. 毫米   B. 米   C. 厘米   D. 英寸

（2）绘制立面图时，首先应绘制（　　）。

    A. 立面图轮廓   B. 墙体   C. 参照物   D. 物体分布位置

（3）在使用 AutoCAD 绘制门、窗立面图时，应注意它与平面图中表现的门窗位置的对应关系，其水平方向上的位置应根据（　　）来确定。

    A. 平面图   B. 立面图   C. 剖面图   D. 大样图

2. 判断题

（1）《房屋建筑制图统一标准》规定，立面图中主要可见轮廓线用细实线绘制。（　　）

（2）轴线编号圆的半径为 5 ~ 8 mm，在绘制时应按照打印比例同比放大。（　　）

（3）不可见轮廓线在立面图中不用绘制。（　　）

参考答案：

1. 单选题

（1）B   （2）A   （3）A

2. 判断题

（1）×   （2）√   （3）√

任务二　绘制台阶与坡道立面

室外台阶与坡道是设在建筑物出入口的辅助配件，用来解决建筑物室内外的高差问题。当有车辆通行或室内外地面高差较小时，可采用坡道。识读一层平面图可知，该建筑南立面有 2 处台阶及 1 处坡道可见，需要绘制立面轮廓线。

一、任务内容

运用 AutoCAD 软件绘制台阶与坡道立面。

二、学习目标

（1）能够运用 AutoCAD 软件正确地绘制台阶立面；

（2）培养学生严谨的科学态度、吃苦耐劳的品格；

（3）提高学生分析问题、解决问题、团队合作的能力。

三、任务步骤

1. 绘制小别墅西南侧台阶立面轮廓线

识读一层平面图可知，台阶共三级，最高一级台阶边缘至 2 轴线距离为 2 620 mm，即

2 445 mm + 175 mm，每级台阶深度均为 300 mm，每级台阶高度为 150 mm，如图 3.6 所示。将台阶坡道图层置为当前，利用直线、偏移、修剪等工具绘制 1-2 轴线间台阶立面轮廓线。

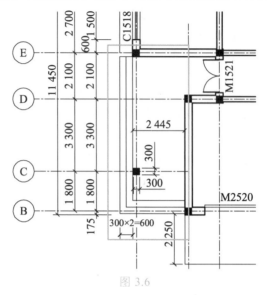

图 3.6

1-2 轴线间台阶立面轮廓线绘制过程如下：

命令：_line；

指定第一个点：鼠标左键点击 ±0.000 标高与 2 轴线左侧外墙线交点；

指定下一点或 [放弃（U）]：鼠标向左水平移动，键盘输入数字 2445，按回车键；

指定下一点或[放弃（U）]：鼠标垂直向下移动，键盘输入数字 150，按回车键；

指定下一点或[闭合（C）/放弃（U）]：鼠标水平向左移动，键盘输入数字 300，按回车键；

指定下一点或[闭合（C）/放弃（U）]：鼠标垂直向下移动，键盘输入数字 150，按回车键；

指定下一点或[闭合（C）/放弃（U）]：鼠标水平向左移动，键盘输入数字 300，按回车键；

指定下一点或[闭合（C）/放弃（U）]：鼠标垂直向下移动，键盘输入数字 150，按回车键；

指定下一点或[闭合（C）/放弃（U）]：单击鼠标右键，选择确认。

绘制完成如图 3.7 所示。

图 3.7

2. 绘制东南侧台阶立面轮廓线

东南侧台阶最高一级台阶边缘到 5 轴线距离为 4 800 mm，即 3 600 mm+1 200 mm，台阶深度为 300 mm，一级台阶的高度同样为 150 mm，如图 3.8 所示。用同样方法绘制 5-7 轴线间台阶立面轮廓线。

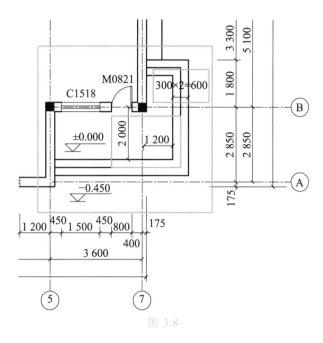

图 3.8

5-7 轴线间台阶立面轮廓线绘制过程如下：

命令：_line；

指定第一个点：鼠标左键点击 ±0.000 标高与 5 轴线右侧外墙线交点；

指定下一点或[放弃（U）]：鼠标向右水平移动，键盘输入数字 4625，按回车键；

指定下一点或[放弃（U）]：鼠标垂直向下移动，键盘输入数字 150，按回车键；

指定下一点或[闭合（C）/放弃（U）]：鼠标水平向右移动，键盘输入数字 300，按回车键；

指定下一点或[闭合（C）/放弃（U）]：鼠标垂直向下移动，键盘输入数字 150，按回车键；

指定下一点或[闭合（C）/放弃（U）]：鼠标水平向右移动，键盘输入数字 300，按回车键；

指定下一点或[闭合（C）/放弃（U）]：鼠标垂直向下移动，键盘输入数字 150，按回车键；

指定下一点或[闭合（C）/放弃（U）]：单击鼠标右键，选择确认。

绘制完成如图 3.9 所示。

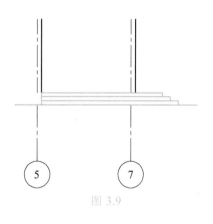

图 3.9

3. 绘制坡道立面轮廓线

查看一层平面图，门窗表中 M2520 类型为卷帘门[见图 3.10（a）]，且位于 2-4 轴线与 B-D 轴线相交处的房间只有卷帘门没有窗，结合生活实际推断该房间为车库，因室外地面与车库地面存在高度差，因此进出车库需要设置坡道。图3.10（b）中M2520门出口外即为该坡道，宽度为3 855 mm，深度为2 250 mm，坡道顶高度等于室内外高度差450 mm。

门窗表			
类型	设计编号	洞口尺寸/mm	数量
普通门	M0821	800×2 100	17
	M1521	1 500×2 100	3
	M1221	1 200×2 100	1
卷帘门	M2520	2 500×2 000	1
普通窗	C1518	1 500×1 800	19
	C2424	2 400×2 400	3

（a）

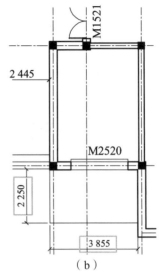

（b）

图 3.10

车库坡道立面轮廓线绘制过程如下：

命令：_rectang 鼠标左键点击矩形工具；

指定第一个角点或 [倒角（C）/标高（E）/圆角（F）/厚度（T）/宽度（W）]:鼠标左键点击台阶右下角点；

指定另一个角点或 [面积（A）/尺寸（D）/旋转（R）]: 键盘输入字母D，按回车键；

指定矩形的长度 <10.0000>: 键盘输入数字3855，按回车键；

指定矩形的宽度 <10.0000>: 键盘输入数字450，按回车键；

指定另一个角点或 [面积（A）/尺寸（D）/旋转（R）]:鼠标左键点击矩形右上角点。

绘制完成如图3.11所示。

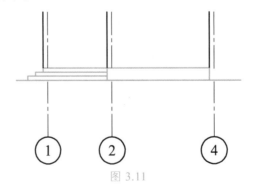

图 3.11

四、任务总结

本任务通过识读一层平面图，得到台阶级数、深度、高度尺寸，判断坡道类型，得到坡道立面尺寸，再通过使用 AutoCAD 软件直线、矩形工具绘制出台阶和坡道的立面轮廓线。

拓展笔记

巩固练习

1. 单选题

（1）绘制具有完全对称的图形时，可以先绘制其中的一半，然后使用（   ）命令。

    A. 镜像   B. 复制   C. 偏移   D. 阵列

（2）不影响图形显示的图层操作是（   ）。

    A. 打开图层   B. 冻结图层   C. 锁定图层   D. 关闭图层

（3）（   ）在建筑图形中一般作为辅助线使用。

    A. 构造线   B. 线段   C. 直线   D. 曲线

（4）将一个对象从"已选择"转到"不选择"状态应使用（   ）。

    A. Ctrl+C   B. Ctrl+Shift+A   C. Ctrl+S   D. Shift

2. 判断题

（1）在 AutoCAD 中设置立面图图层时，虽然在绘制平面图过程中已经设置了图层，但不能修改后继续使用，要重新设置。（   ）

（2）在图层设置有以下几个原则：第一是不同的图层设置成不同的颜色，为了便于绘图和修改，颜色不要过于接近；第二是图线的线宽设置，不同的对象线宽是不同的。（   ）

（3）图层设置的原则是够用，可以归类的归为一类图层，不能归类的分开设置图层。（   ）

参考答案：

1. 单选题

（1）A   （2）C   （3）A   （4）D

2. 判断题

（1）×   （2）√   （3）√

任务三　绘制柱子立面

通过识读一层平面图可知，该建筑西南角台阶边缘有一根框架柱在南立面视图中可见，需要绘制柱子的立面轮廓线。

一、任务内容

运用 AutoCAD 软件绘制柱子的立面轮廓。

二、学习目标

（1）能够运用 AutoCAD 软件正确地绘制柱子的立面轮廓；
（2）培养学生严谨的科学态度、吃苦耐劳的品格；
（3）提高学生分析问题、解决问题、团队合作的能力。

三、任务步骤

通过识读和对比一层平面图与二层平面图，在一层西南方向入户台阶边缘有一根框架柱，支撑二层的楼板，形成一层的架空构造，如图 3.12 所示。该柱子材料为混凝土，截面尺寸为 300 mm×300 mm，柱子净高度为 2 850 mm，等于层高 3 000 mm 减去二层楼板厚度 150 mm。

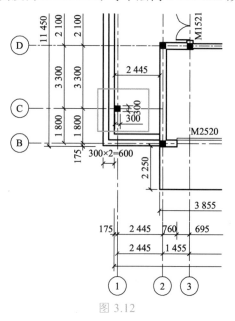

图 3.12

绘制步骤如下：

命令：_rectang 鼠标左键点击矩形工具；

指定第一个角点或 [倒角（C）/标高（E）/圆角（F）/厚度（T）/宽度（W）]:鼠标左键点击台阶左上角点；

指定另一个角点或 [面积（A）/尺寸（D）/旋转（R）]: 键盘输入字母 D，按回车键；

指定矩形的长度 <3855.0000>: 键盘输入数字 300，按回车键；

指定矩形的宽度 <450.0000>: 键盘输入数字 2850，按回车键；

指定另一个角点或 [面积（A）/尺寸（D）/旋转（R）]: 鼠标左键点击矩形右上角点。

柱子绘制完成，如图 3.13 所示。

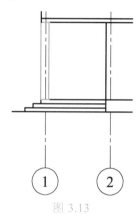

图 3.13

四、任务总结

本任务通过识读一层平面图，得到首层柱子的位置及尺寸，使用 AutoCAD 软件矩形工具绘制出柱子立面轮廓线。

拓展笔记

单选题

（1）一栋建筑的外观美观与否，取决于建筑的（　　）。

    A. 外观设计   B. 外表装饰

    C. 立面设计   D. 各功能部位的比例

（2）在绘制台阶、雨篷、阳台等这些部件时，需要注意的是这些部件在（　　）的位置和（　　）的位置。

    A. 平面图　　立面图   B. 立面图　　高度方向

    C. 平面图　　高度方向   D. 高度　　高度方向

（3）在（　　）的任意位置单击鼠标右键，将弹出相应的快捷菜单，选择快捷菜单中不同的命令将对窗口进行复原、移动、最小化、最大化和关闭等操作。

    A. 菜单栏   B. 工具栏

    C. 状态栏   D. 标题栏

参考答案：

单选题

（1）C　　（2）C　　（3）D

任务四　绘制门窗立面

一、任务内容

运用 AutoCAD 软件绘制门窗立面。

二、学习目标

（1）能够运用 AutoCAD 软件正确地绘制门窗立面；

（2）培养学生严谨的科学态度、吃苦耐劳的品格；

（3）提高学生分析问题、解决问题、团队合作的能力。

三、任务步骤

1. 识读各门窗立面尺寸和门窗定位尺寸

通过门窗表得到各个门窗立面尺寸，识读各层平面图得到门窗的定位尺寸，识读立面图得到窗台的高度，以此为基础绘制门窗立面轮廓，如图 3.14 所示。

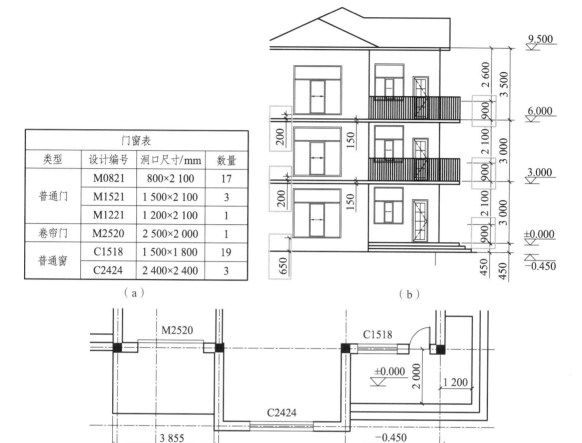

门窗表			
类型	设计编号	洞口尺寸/mm	数量
普通门	M0821	800×2 100	17
	M1521	1 500×2 100	3
	M1221	1 200×2 100	1
卷帘门	M2520	2 500×2 000	1
普通窗	C1518	1 500×1 800	19
	C2424	2 400×2 400	3

（a）　　　　　　　　　　　　　　　　　（b）

（c）

图 3.14

2. 绘制立面各层门窗轮廓线

利用直线、偏移、修剪等工具绘制立面各层门窗轮廓线。

（1）一层车库门绘制过程如下：

命令：OFFSET；

指定偏移距离或[通过（T）/删除（E）/图层（L）]<2500.0000>：键盘输入数字 760；

选择要偏移的对象，或[退出（E）/放弃（U）]<退出>：鼠标左键点击 2 轴线；

指定要偏移的那一侧上的点，或[退出（E）/多个（M）/放弃（U）]<退出>：鼠标左键点击 2 轴线右侧空白位置；

立面门窗（一）

117

选择要偏移的对象，或[退出（E）/放弃（U）]<退出>: 按键盘回车。

命令: RECTANG；

指定第一个角点或[倒角（C）/标高（E）/圆角（F）/厚度（T）/宽度（W）]: 鼠标左键点击车库门左下角点；

指定另一个角点或[面积（A）/尺寸（D）/旋转（R）]: 键盘输入@2500, 2000，按键盘回车键，如图 3.15 所示。

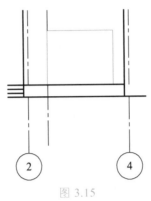

图 3.15

命令: OFFSET；

当前设置: 删除源=否图层=源　OFFSETGAPTYPE=0；

指定偏移距离或[通过（T）/删除（E）/图层（L）]<760.0000>: 键盘输入数字 100；

选择要偏移的对象，或[退出（E）/放弃（U）]<退出>: 鼠标左键点击车库门最上方直线；

指定要偏移的那一侧上的点，或[退出（E）/多个（M）/放弃（U）]<退出>: 输入 m；

指定要偏移的那一侧上的点，或[退出（E）/放弃（U）]<下一个对象>: 鼠标点击屏幕下方；

鼠标依次点击屏幕下方偏移出其他平行线，如图 3.16 所示。

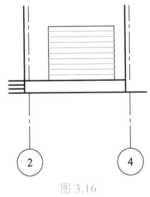

图 3.16

（2）4-5 轴线间窗 C2424 绘制过程如下：

命令: OFFSET；

指定偏移距离或 [通过（T）/删除（E）/图层（L）]<2500.0000>: 键盘输入数字 1200；

选择要偏移的对象，或 [退出（E）/放弃（U）]<退出>:鼠标左键点击 4 轴线；

指定要偏移的那一侧上的点，或 [退出（E）/多个（M）/放弃（U）] <退出>: 鼠标左键点击 4 轴线右侧空白位置；

选择要偏移的对象，或 [退出（E）/放弃（U）] <退出>: 按键盘回车。

命令: OFFSET；

指定偏移距离或 [通过（T）/删除（E）/图层（L）] <2500.0000>: 键盘输入数字 650；

选择要偏移的对象，或 [退出（E）/放弃（U）] <退出>: 鼠标左键点击地坪线；

指定要偏移的那一侧上的点，或 [退出（E）/多个（M）/放弃（U）] <退出>: 鼠标左键点击地坪线上方空白位置；

选择要偏移的对象，或[退出（E）/放弃（U）] <退出>: 按键盘回车，如图 3.17 所示。

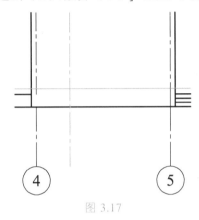

图 3.17

命令: RECTANG；

指定第一个角点或[倒角（C）/标高（E）/圆角（F）/厚度（T）/宽度（W）]: 鼠标左键点击门左下角点；

指定另一个角点或[面积（A）/尺寸（D）/旋转（R）]: 键盘输入@2400, 2400，按键盘回车键。

命令: OFFSET；

指定偏移距离或 [通过（T）/删除（E）/图层（L）]: 键盘输入数字 40；

选择要偏移的对象，或 [退出（E）/放弃（U）] <退出>: 按键盘回车，如图 3.18 所示。

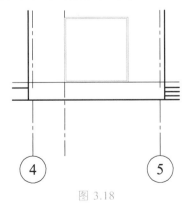

图 3.18

命令: OFFSET;

指定偏移距离或 [通过（T）/删除（E）/图层（L）]: 键盘输入数字 600;

选择要偏移的对象，或 [退出（E）/放弃（U）] <退出>: 按键盘回车。

命令: _divide;

选择要定数等分的对象:鼠标左键选择窗户亮子的下边线;

输入线段数目或 [块（B）]: 3。

命令: LINE;

指定第一个点: 鼠标左键点击上面第一个等分点;

指定下一点或 [放弃（U）]: 鼠标左键点击下面第一个等分点;

指定下一点或 [放弃（U）]: 按键盘回车键。

命令: LINE;

指定第一个点: 鼠标左键点击上面第一个等分点;

指定下一点或 [放弃（U）]: 鼠标左键点击下面第一个等分点;

指定下一点或 [放弃（U）]: 按键盘回车键;

用多段线绘制窗扇移动箭头，C2424 绘制完成，如图 3.19 所示。

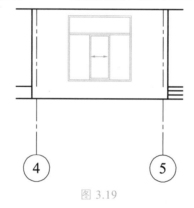

图 3.19

（3）一层 M0821 绘制过程如下:

命令: OFFSET;

当前设置: 删除源=否 图层=源　OFFSETGAPTYPE=0;

指定偏移距离或[通过（T）/删除（E）/图层（L）] <450.0000>: 键盘

输入数字 400;

立面门窗（二）

选择要偏移的对象，或 [退出（E）/放弃（U）] <退出>: 鼠标左键点击 7 轴线;

指定要偏移的那一侧上的点，或[退出（E）/多个（M）/放弃（U）]<退出>: 鼠标左键点击 7 轴线左侧空白位置;

选择要偏移的对象，或[退出（E）/放弃（U）] <退出>: 鼠标右键点击，选择确认，如图 3.20 所示。

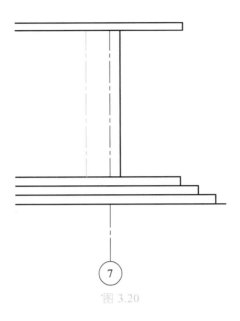

图 3.20

命令: RECTANG;

指定第一个角点或 [倒角（C）/标高（E）/圆角（F）/厚度（T）/宽度（W）]: 鼠标左键点击上一步偏移轴线与 ± 0.000 线的交点;

指定另一个角点或 [面积（A）/尺寸（D）/旋转（R）]: 键盘输入 D 并回车;

指定矩形的长度< – 800.0000>: 键盘输入数字 – 800;

指定矩形的宽度<2100.0000>: 键盘输入数字 2100;

指定另一个角点或 [面积（A）/尺寸（D）/旋转（R）]: 鼠标点击左上方空白处，如图 3.21 所示。

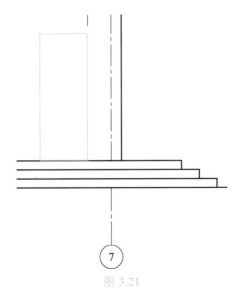

图 3.21

命令: OFFSET;

当前设置: 删除源=否　图层=源　OFFSETGAPTYPE=0;

指定偏移距离或[通过（T）/删除（E）/图层（L）] <450.0000>: 键盘输入数字 50；

选择要偏移的对象，或[退出（E）/放弃（U）] <退出>: 鼠标左键点击矩形；

指定要偏移的那一侧上的点，或 [退出（E）/多个（M）/放弃（U）] <退出>: 鼠标左键点击矩形内空白位置；

选择要偏移的对象，或[退出（E）/放弃（U）] <退出>:鼠标右键点击，选择确认，如图 3.22 所示。

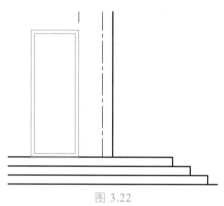

图 3.22

命令: RECTANG；

指定第一个角点或[倒角（C）/标高（E）/圆角（F）/厚度（T）/宽度（W）]: 鼠标左键点击矩形外任一点；

指定另一个角点或[面积（A）/尺寸（D）/旋转（R）]: 键盘输入 D 并回车；

指定矩形的长度<－800.0000>: 键盘输入数字 480；

指定矩形的宽度<2100.0000>: 键盘输入数字 1780；

指定另一个角点或 [面积（A）/尺寸（D）/旋转（R）]: 鼠标点击左上方空白处；

命令: MOVE 鼠标左键选择移动命令，鼠标左键选择上一步绘制的矩形，按回车键；

指定基点或[位移（D）] <位移>: 鼠标左键点击矩形中心点；

指定第二个点或 <使用第一个点作为位移>: 鼠标左键点击门框矩形中心点，如图 3.23 所示。

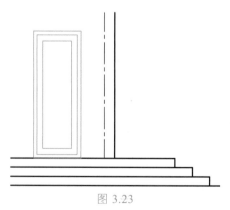

图 3.23

然后将门内矩形等分，画出装饰线条轮廓线，用直线画出门开启线，如图 3.24 所示。

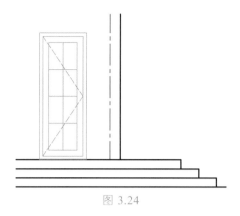

图 3.24

同一类型门可复制，其他窗按照门窗表及各层平面图尺寸绘制，绘制方法类似，如图 3.25 所示。

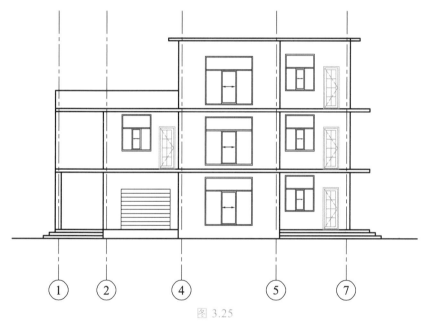

图 3.25

四、任务总结

本任务是在识读门窗表和建筑各层平面图的基础上，准确得到各层门窗尺寸和门窗定位尺寸，再使用 AutoCAD 软件直线、矩形、多段线、偏移、修剪、定数等分等工具绘制出立面各门窗轮廓线。

拓展笔记

巩固练习

1. 单选题

（1）一般在建筑制图过程中用（　　）绘制墙体、窗户和细部特殊组件。

    A. 射线　　　　　　　　B. 线段　　　　　　C. 直线　　　　　　D. 多线

（2）绘制多线时，首先应对多线的样式进行设置，其中包括多线的（　　）以及两条线之间的（　　）等。

    A. 数量　偏移间距　　　　　　　　B. 位置　间距

    C. 长度　间距图元　　　　　　　　D. 图元　偏移间距

（3）门窗表中 C0821 表示（　　）。

    A. 门高 800、宽 2100

    B. 门宽 800、高 2100

    C. 窗高 800、宽 2100D

    D. 窗宽 800、高 2100

（4）下列哪项不属于阵列工具的类型？（　　）

    A. 矩形阵列　　　　B. 圆形阵列　　　　C. 环形阵列　　　　D. 路径阵列

（5）使用"阵列"命令时，如需使阵列后的图形向右上角排列，则（　　）。

    A. 行间距为正，列间距为正

    B. 行间距为负，列间距为负

    C. 行间距为负，列间距为正

    D. 行间距为正，列间距为负

2. 判断题

（1）"修剪"命令不能将超出修剪边界的线条进行修剪。（　　）

（2）使用"镜像"命令对图形进行镜像操作时，首先应在命令行提示后选择要进行镜像的图形对象，然后分别指定镜像线的第一点和第二点，最后根据情况确定是否将源图形对象进行删除。（　　）

（3）在一个 AutoCAD 图形中，点只能有一种形状。（　　）

（4）用 DIVIDE 命令等分一条直线段时，该线段上不显示等分点，这是因为该线段不能被等分。（　　）

3. 操作题

应用"点"和"直线"绘图命令绘制如图 3.26 所示储物柜平面图。

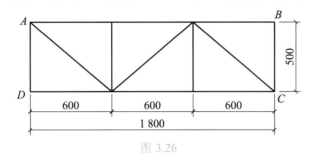

图 3.26

参考答案：

1. 单选题

（1）D　　（2）A　　（3）D　　（4）B　　（5）A

2. 判断题

（1）×　　（2）√　　（3）×　　（4）×

3. 操作题

操作提示：

（1）用"直线"绘图命令绘制完成储物柜平面图外轮廓线。

（2）设置"点样式"。

（3）用"点"绘图命令的"定数等分"三等分直线 *AB*，用"定距等分"将直线 *CD* 分为每段长度为 600 mm 的三条线段。

（4）用"直线"绘图命令连接对应点后，删除图形中的点即可绘制完成储物柜平面图。

任务五　绘制阳台和栏杆立面

阳台是居住者接受光照，吸收新鲜空气，进行户外锻炼、观赏、纳凉、晾晒衣物的场所。阳台是以向外伸出的悬挑板、悬挑梁板作为地面，再由各式各样的围板、围栏组成一个半室外空间。在立面图中需绘制出阳台和栏杆的立面轮廓线。

一、任务内容

运用 AutoCAD 软件绘制阳台和栏杆立面。

二、学习目标

（1）能够运用 AutoCAD 软件正确地绘制阳台和栏杆立面；

（2）培养学生严谨的科学态度、吃苦耐劳的品格；

（3）提高学生分析问题、解决问题、团队合作的能力。

三、任务步骤

1. 识读图纸得到各层阳台平面尺寸

识读二层平面图和三层平面图，可知该建筑共有三处阳台，平面尺寸如图 3.27 所示。

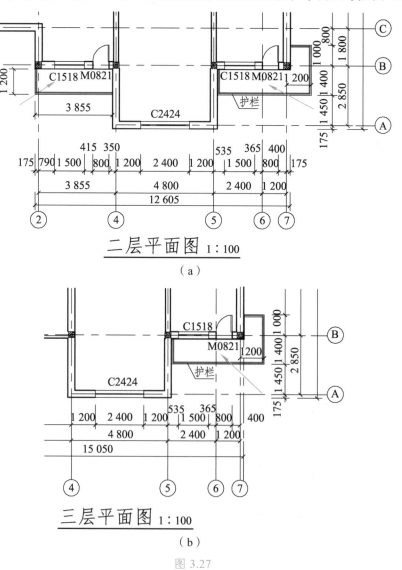

图 3.27

为了安全，沿阳台外侧设栏杆或栏板，可用木材、砖、钢筋混凝土或金属等材料制成，上加扶手。根据民用建筑设计标准，阳台栏杆高度可取 1 100 mm，栏杆净间距可取 110 mm，如图 3.28 所示。

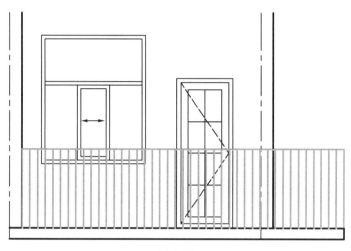

图 3.28

2. 绘制阳台和栏杆立面轮廓线

将阳台栏杆图层置为当前，利用直线、偏移等工具绘制立面各层阳台和栏杆轮廓线。二层东侧阳台和栏杆立面轮廓线绘制过程如下：

立面阳台栏杆

命令：_line；

指定第一个点：鼠标左键点击二层阳台右边缘下角点；

指定下一点或[放弃（U）]：鼠标向上移动，键盘输入数字 1100，按回车键；

指定下一点或 [放弃（U）]：鼠标向左水平移动，点击阳台栏杆与 5 轴线右侧外墙皮的交点。

命令：OFFSET；

指定偏移距离或[通过（T）/删除（E）/图层（L）]：键盘输入数字 110，按回车键；

选择要偏移的对象，或[退出（E）/放弃（U）] <退出>：鼠标左键点击二层阳台最右边栏杆。

指定要偏移的那一侧上的点，或[退出（E）/多个（M）/放弃（U）] <退出>：按键盘 M 键；

指定要偏移的那一侧上的点，或[退出（E）/放弃（U）] <下一个对象>：鼠标点击左侧空白；

鼠标依次点击左侧空白偏移出其他栏杆线。

二层西侧、三层阳台和栏杆绘制方法相同，请自行完成。绘制完成的阳台和栏杆轮廓线如图 3.29 所示。

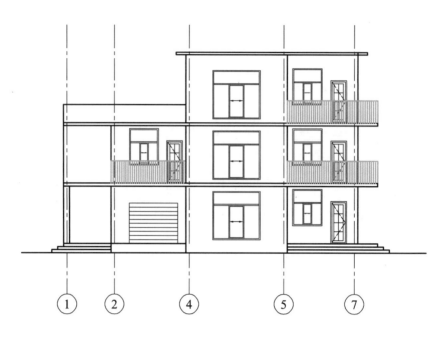

图 3.29

四、任务总结

本任务在识读建筑平面图的基础上，结合建筑设计规范相关要求，得到立面各层阳台平面尺寸和栏杆高度间距等尺寸，再使用 AutoCAD 软件直线、偏移工具绘制出立面各层阳台和栏杆轮廓线。

拓展笔记

1. 单选题

（1）在使用某个命令时，欲了解该命令，可以（　　）。

    A. 按功能键 F1   B. 按功能键 F10

    C. 按功能键 F2   D. 按功能键 F12

（2）绘制本案例中的栏杆时采用的命令是（　　）。

    A. 镜像   B. 复制   C. 移动   D. 偏移

（3）下列哪项命令用于刷新当前视窗中的图形？（　　）

    A. 更新   B. 全部重生成   C. 重生成   D. 重计算

2. 判断题

（1）打断命令就是将图形进行分段，使其形成两个图形。（　　）

（2）对图形进行合并操作时，进行合并操作的对象可以不必位于相同的平面上。（　　）

（3）使用"倒角"命令可以将两个非平行的直线以直线相连，在图形绘制中，可设置倒角距离来绘制倒角。（　　）

（4）MIRROR、OFFSET、ARRAY 命令实际上都是广义的实体复制命令。（　　）

参考答案：

1. 单选题

（1）A　（2）D　（3）C

2. 判断题

（1）×　（2）×　（3）√　（4）√

任务六　绘制屋顶立面

    屋顶是建筑顶部的承重和围护构件，一般由屋面、保温（隔热）层和承重结构三部分组成。屋顶又被称为建筑的"第五立面"，对建筑的形体和立面形象具有较大的影响，屋顶的形式将直接影响建筑物的整体形象。案例小别墅为典型的坡屋顶，除具有良好的排水作用外，也具有时尚现代的审美特点。

一、任务内容

    运用 AutoCAD 软件绘制屋顶立面。

二、学习目标

（1）能够运用 AutoCAD 软件正确地绘制屋顶立面；
（2）培养学生严谨的科学态度、吃苦耐劳的品格；
（3）提高学生分析问题、解决问题、团队合作的能力。

三、任务步骤

1. 识读屋顶平面图

查看屋顶平面图可知，屋面的坡度为 45%，屋面两侧边缘悬挑出屋檐的距离是 675 mm，如图 3.30 所示。

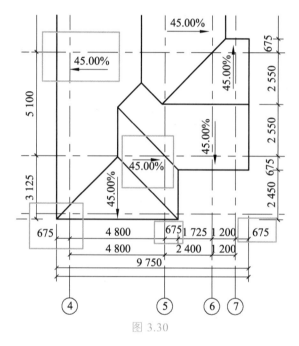

图 3.30

2. 绘制坡屋面立面轮廓线

绘制 45%坡度线过程如下：

命令：_line；

指定第一个点:鼠标左键点击屏幕；

指定下一点或 [放弃（U）]: 鼠标垂直向下移动，键盘输入数字 45；

指定下一点或 [放弃（U）]: 鼠标水平向左移动，键盘输入数字 100；

指定下一点或 [闭合（C）/放弃（U）]: 按键盘 C 键，按键盘回车键。

45%坡度线绘制完成，如图 3.31 所示。

图 3.31

将楼地面屋面图层置为当前，利用直线、延伸、修剪、镜像等工具，按照屋顶平面图中的尺寸绘制两侧 45%坡度屋顶轮廓线，修剪完善屋顶轮廓，如图 3.32 所示。

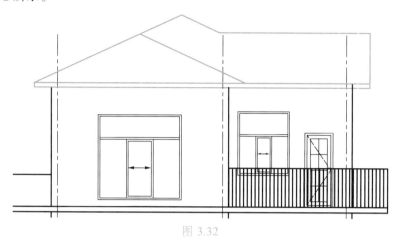

图 3.32

3. 屋面图案填充

利用图案填充工具绘制屋面装饰图案。

坡屋面装饰图案填充操作过程如下：

命令：_hatch；

拾取内部点或 [选择对象（S）/放弃（U）/设置（T）]: 选择坡屋面表面图案；

立面屋顶

拾取内部点或 [选择对象（S）/放弃（U）/设置（T）]: 鼠标左键点击屋面轮廓线内部，按键盘回车键，屋面图案填充完成后效果如图 3.33 所示。

图 3.33

四、任务总结

本任务是在识读屋顶平面图的基础上，准确得到屋面坡度及轮廓定位尺寸，再使用 AutoCAD 软件直线、延伸、修剪、图案填充等工具绘制出屋顶轮廓线。

_____

_____

_____

_____

_____

巩固练习

1. 单选题

（1）使用"偏移"命令，可以对已经绘制的图形对象进行偏移，以便复制生成与源图形对象（　　）的图形对象。

    A. 对称　　　　　　　B. 相同　　　　　　　C. 平行　　　　　　　D. 相交

（2）用（　　）命令可以控制填充图案的可见性。

    A. Fill　　　　　　　B. li　　　　　　　C. Flee　　　　　　　D. F

（3）延伸命令的快捷键是（　　）。

    A. S　　　　　　　B. Ex　　　　　　　C. Len　　　　　　　D. Br

2. 判断题

（1）利用偏移命令偏移直线，则偏移后的直线长度将变短。（　　）

（2）使用阵列命令可以一次将选择的对象复制多个并按一定规律进行排列。（　　）

（3）使用旋转命令旋转图形对象，在指定旋转角度时，若输入的旋转角度为正，则图形将作顺时针方向旋转；若输入的角度为负，则图形将做逆时针方向旋转。（　　）

（4）使用"延伸"命令可以将各种类型的线的端点延长到指定图形对象的边界。（　　）

参考答案：

1. 单选题

（1）C　（2）A　（3）B

2. 判断题

（1）×　（2）√　（3）×　（4）×

任务七 绘制尺寸、标高及注写图名比例

一、任务内容

运用 AutoCAD 软件绘制立面图尺寸、标高及注写图名比例。

二、学习目标

（1）能够运用 AutoCAD 软件正确地绘制立面图尺寸、标高及注写图名比例；
（2）培养学生严谨的科学态度、吃苦耐劳的品格；
（3）提高学生分析问题、解决问题、团队合作的能力。

三、任务步骤

1. 设置标注样式

建筑立面图标注样式设置方法、内容与建筑平面图相同。

2. 绘制尺寸

将标注图层置为当前，利用线性标注、连续标注绘制尺寸。操作过程与建筑平面图尺寸标注方法操作相同。

3. 绘制标高

根据《房屋建筑制图统一标准》规定，标高符号为等腰直角三角形，高约等于 3 mm，底边长 6 mm。建筑立面图打印比例为 1∶100，因此绘制时应将标高尺寸先放大 100 倍，绘制如图 3.34 所示的标高符号。绘制标高符号后，再使用文字工具注写标高数字，将标高符号和标高数字整体移动放置在图中合适位置。

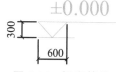

图 3.34　标高符号

4. 注写图名和比例

使用文字工具书写图名和比例，"小别墅 1-7 轴立面图"字体样式为"汉字"，字体高度可设为 700；"1∶100"字体样式为"数字字母"，字体高度可以设为 500，图名和比例下画横线，图名和比例放置在图下居中位置，如图 3.35 所示。

立面尺寸标注和标高标注

小别墅1-7轴立面图 1 : 100

图 3.35

四、任务总结

本任务是根据制图标准中关于标注和标高的规定，正确设置标注样式，使用 AutoCAD 软件直线、文字、文字样式、线性标注、连续标注等工具标注立面尺寸、绘制标高、注写图名和比例。

拓展笔记

1. 单选题

（1）所有尺寸标注公用一条尺寸界线的是（　　）。

  A. 基线标注   B. 连续标注

  C. 引线标注   D. 公差标注

（2）以下选项中不属于基线标注命令调用方法的是（　　）。

  A. 选择"标注/基线"命令

  B. 单击"标注"工具栏中的"基线"按钮

  C. 在命令行中输入 DIMBASELINE 命令

  D. 在命令行中输入 DIMCONTINUE 命令

（3）在创立连续、基线标注之前，必须创立线性、对齐或角度标注，可在最近创立的标注中以增量方式创立基线标注，也可以（　　）。

  A. 选择已创立的其他线性、对齐标注来创立连续或基线标注

  B. 选择已创立的其他线性、对齐标注来创立线性或基线标注

  C. 选择已创立的其他线性、对齐标注来创立角度或基线标注

  D. 选择已创立的其他线性、对齐标注来创立线段或基线标注

（4）建立文字$\phi15$，可以输入（　　）。

  A. %%15   B. %%P15   C. %%u15   D. %%C15

（5）下列哪种标注类型用于创建平行于所选对象的直线型尺寸？（　　）

  A. 线性标注   B. 对齐标注   C. 连续标注   D. 快速标注

（6）属性和块的关系，不正确的是（　　）。

  A. 属性和块是平等的关系

  B. 属性必须包含在块中

  C. 属性是块中非图形信息的载体

  D. 块中可以只有属性而无图形对象

（7）编辑属性的途径有（　　）。

  A. 双击属性定义进行属性编辑

  B. 双击包含属性的块进行属性编辑

  C. 应用块属性管理器编辑属性

  D. 以上全部

2. 判断题

（1）使用"正交"功能，就是将十字光标限制在水平或垂直方向上移动，以便能快速完成水平或垂直线的绘制。（　　）

（2）复制的对象是圆或矩形等，则复制后的对象将不变。（　　）

（3）在阵列命令中只有一种阵列形式。（　　）

3. 操作题

（1）绘制打印比例 1∶20 的详图中的标高符号。

（2）某图纸名为"楼地面装修详图 1∶50"，其中汉字打印高度 5 mm，数字打印高度 3 mm，请设置文字样式。

参考答案：

1. 单选题

（1）A　（2）D　（3）A　（4）D　（5）D　（6）A　（7）D

2. 判断题

（1）√　（2）√　（3）×

3. 操作题

（1）绘制打印比例 1∶20 的详图中的标高符号。

操作提示：

首先启动"绘图"→"圆"命令，绘制一个半径 60 的圆；然后用"绘图"→"直线"命令，分别点击圆的左侧象限点、右侧象限点、下侧象限点，完成三角形绘制；最后用"直线"命令绘制出标高符号文字所在位置的横线，完成标高符号的绘制。

（2）某图纸名为"楼地面装修详图 1∶50"，其中汉字打印高度 5 mm，数字打印高度 3 mm，请设置文字样式。

操作提示：

启动"格式"→"文字样式"命令，分别新建"汉字"和"数字字母"样式。

"汉字"样式修改字体为"仿宋"，宽度因子为 0.7，字高为 250。

"数字字母"样式修改字体为"simplex.shx"，宽度因子为 0.7，字高为 150。

项目四

楼梯剖面图绘制

楼梯作为楼层间垂直交通用的构件，由连续梯级的梯段、平台和围护构件组成。楼梯在建筑内部，从外部无法观察到，且由多个构件组成，因此使用剖面图方式才能清晰准确地表达楼梯的构造。楼梯剖面图是用一个假想的铅垂面垂直剖切整个楼梯间，再沿剖视方向对剖切到的楼梯及其他构件做正投影。

楼梯剖面图主要表达楼梯的梯段形式、材质、踏步数、踏步尺寸、平台宽度、栏杆扶手形式和尺寸，以及平台和楼地面的标高，可以反映出梯段、平台、栏杆、墙体、门窗和楼板等各构件之间的相互关系。楼梯剖面图中剖切到的构件轮廓线用中实线，未剖切到但可见的构件轮廓线（看线）用细实线，剖切到的构件内部应画上材料图例。

下面以小别墅 1—1 楼梯剖面图为例讲解楼梯剖面图的绘制过程，如图 4.1 所示。

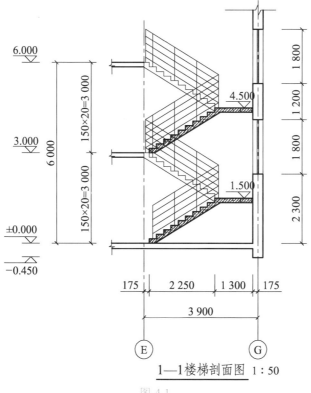

1—1楼梯剖面图 1：50

图 4.1

任务一 创建图层及绘制楼层墙体剖面轮廓

一、任务内容

运用 AutoCAD 软件创建图层及绘制楼层墙体剖面轮廓。

二、学习目标

（1）能够运用 AutoCAD 软件正确地创建图层，绘制楼层墙体剖面轮廓；

（2）培养学生严谨的科学态度、吃苦耐劳的品格；

（3）提高学生分析问题、解决问题、团队合作的能力。

三、任务步骤

1. 识读一层平面图和一层、二层、三层楼梯详图

识读一层平面图可知（见图 4.2），1—1 剖面是将楼梯间沿南北方向垂直剖切，再由东向

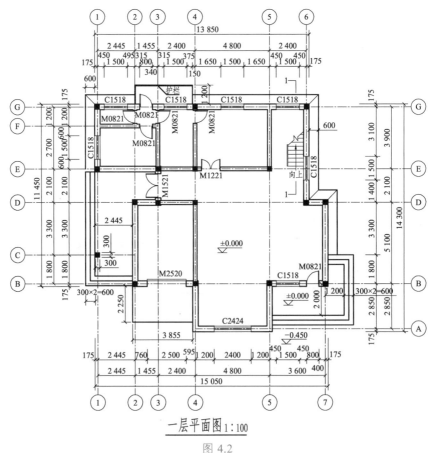

一层平面图 1:100

图 4.2

138

西进行投影，1—1 剖面剖切到房屋的外墙、一层地面、二三层楼板、楼梯东侧梯段和平台、G 轴线所在外墙的窗 C1518，均需要绘制轮廓线；同时楼梯栏杆扶手以及剖切面西侧梯段虽然没有剖切到，但沿剖视方向可见，因此也需要绘制其轮廓线。因楼梯梯段从一层至三层连续存在，所以需绘制 E 至 G 轴线、– 0.450 至 6.000 标高间完整的剖视图。

查看一层、二层、三层楼梯详图可知（见图 4.3），外墙厚度为 350 mm，楼梯踏步高度为 150 mm，踏面深度为 250 mm，楼梯栏杆高度为 1 100 mm，栏杆间距为 110 mm，一层至三层楼板厚度为 150 mm，楼梯平台深度为 1 300 mm。

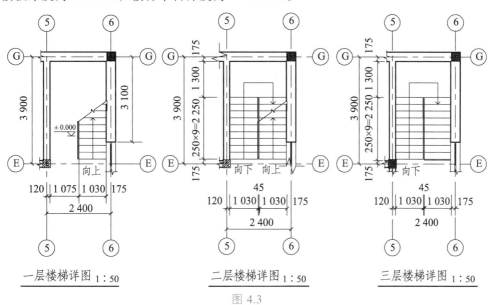

一层楼梯详图 1 : 50　　二层楼梯详图 1 : 50　　三层楼梯详图 1 : 50

图 4.3

2. 创建图层

1—1 楼梯剖面图需要绘制轴线、外墙、窗、楼地面、楼梯踏步、平台、栏杆扶手等构件轮廓线，并标注必要的尺寸和标高，绘制剖面图案填充、注写图名和比例。

创建图层及楼梯剖面轮廓绘制

打开图层特性管理器，新建图层并设置图层颜色、线型和线宽。根据《房屋建筑制图统一标准》，剖切轮廓线线型为连续（Continuous），线宽为 0.35 mm；标注和轴线编号图层线型为连续，细实线绘制，线宽为 0.18 mm；轴线图层线型为点划线（CENTER），细实线绘制，线宽为 0.18 mm。图层设置如图 4.4 所示。

3. 绘制楼层墙体剖面轮廓

（1）绘制 E、G 轴线与编号和楼层轮廓线。

E 轴线至 G 轴线尺寸为 3 900 mm，一层、二层、三层的层高均为 3 000 mm。将轴线图层置为当前，使用直线、偏移工具绘制 E、G 轴线；将轴线编号图层置为当前，使用圆、文字等工具绘制轴线编号；将辅助线图层置为当前，使用直线、偏移工具绘制楼层轮廓线，如图 4.5 所示。

（2）绘制外墙轮廓线、窗轮廓线、楼梯平台轮廓线。

G 轴线外墙厚度 350 mm；平台板厚度 150 mm，平台深度 1 300 mm；平台处窗高度 1 800 mm；一层、二层、三层楼板厚度均为 150 mm，查看 7-1 轴立面图可知，一二层间平台和二三层间平台窗下墙的高度分别为 2 300 mm、1 200 mm。使用直线、偏移、修剪绘制外墙轮廓线、窗轮廓线、楼梯平台轮廓线，如图 4.6 所示。注意不同对象绘图时图层之间的转换。

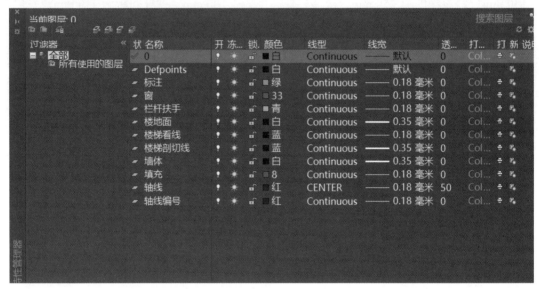

图 4.4

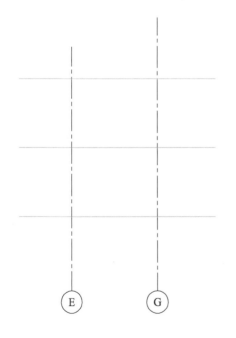

图 4.5

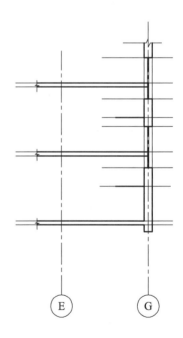

图 4.6

140

四、任务总结

本任务是在识读一层平面图和一层、二层、三层楼梯详图基础上，得到剖面图中各主要构件的位置尺寸，再使用 AutoCAD 软件直线、偏移、修剪、复制、圆、文字等工具绘制楼层、外墙、窗、楼梯平台轮廓线。

拓展笔记

巩固练习

1. 单选题

（1）在 AutoCAD 中，用于打开/关闭正交方式的功能键是（   ）。

    A. F6   B. F7   C. F8   D. F9

（2）在 AutoCAD 中，线框造型、曲面造型和实体造型，都具有（   ）。

    A. 点、线   B. 点、线、面

    C. 点、线、面、体积   D. 线、面

（3）如果创建一个选择集，使选框所圈住及所接触的图形选中，应采用（   ）。

    A. 使用一个窗口选择   B. 交叉选择

    C. 在命令行输入 CA   D. 按 Shift 键并使用一个窗口选择

（4）下列哪项不属于"拉长"命令的选项？（   ）

    A. 增量   B. 全部   C. 动态   D. 放大

（5）下列哪项命令在执行时图标似刷子，所以经常有人把它称为"格式刷"？（   ）

    A. 线性标注   B. 修改特性   C. 基线标注   D. 特性匹配

2. 判断题

（1）开启极轴追踪功能后，可以在绘图区中根据指定的极轴角度,绘制具有一定角度的直线。（　　）

（2）在命令行中输入 WBLOCK 或 W 即可执行创建外部图块命令。（　　）

（3）内部图块存放在当前图形文件中，只能在当前图形文件中进行调用；外部图块以文件形式进行存放，可以在任何文件中进行调用，也可以将某个图形文件以外部块的形式进行调用。（　　）

参考答案：

1. 单选题

（1）C　　（2）A　　（3）B　　（4）D　　（5）D

2. 判断题

（1）√　　（2）√　　（3）√

任务二　绘制楼梯踏步剖面轮廓

一、任务内容

运用 AutoCAD 软件绘制楼梯踏步剖面轮廓。

二、学习目标

（1）能够运用 AutoCAD 软件正确地绘制楼梯踏步剖面轮廓；

（2）培养学生严谨的科学态度、吃苦耐劳的品格；

（3）提高学生分析问题、解决问题、团队合作的能力。

三、任务步骤

1. 识读一层平面图和一层、二层、三层楼梯详图

读图可知一层楼梯第一个踏步距离 E 轴线为 175,每个踏步高度为 150,踏面深度为 250。使用直线、复制、合并、偏移、修剪绘制楼梯段踏步剖面轮廓线，注意区分楼梯剖切线和楼梯看线。

2. 绘制一层上行梯段踏步剖面轮廓线

绘制过程如下：

命令：_line 点击直线工具；

指定第一个点：鼠标左键点击 ±0.000 标高与 E 轴线交点；

指定下一点或[放弃（U）]：鼠标水平向右移动，键盘输入数字 175，按回车键；

指定下一点或[放弃（U）]：鼠标垂直向上移动，键盘输入数字 150，按回车键；

指定下一点或[闭合（C）/放弃（U）]：鼠标水平向右移动，键盘输入数字 250，按回车键；

指定下一点或 [闭合（C）/放弃（U）]：单击鼠标右键，选择确认。

命令：_copy；

选择对象：找到 2 个，总计 2 个（选择踏步轮廓线，按键盘回车键）；

当前设置：复制模式 = 多个；

指定基点或 [位移（D）/模式（O）] <位移>：鼠标左键单击踏步左下角点；

指定第二个点或 [阵列（A）] <使用第一个点作为位移>：复制踏步轮廓线。

命令：J；

选择源对象或要一次合并的多个对象，指定对角点：鼠标左键框选踏步轮廓线和平台轮廓线，按回车键；

选择要合并的对象：按回车键；

20 个对象已转换为 1 条多段线。

命令：OFFSET；

当前设置：删除源=否　　图层=源　　OFFSETGAPTYPE=0；

指定偏移距离或 [通过（T）/删除（E）/图层（L）] <通过>：键盘输入数字 150，按回车键；

选择要偏移的对象，或 [退出（E）/放弃（U）] <退出>：鼠标左键点击合并之后的轮廓线；

指定要偏移的那一侧上的点，或[退出（E）/多个（M）/放弃（U）]<退出>：鼠标左键点击下方空白处。

再使用修剪工具完善踏步平台剖切面轮廓线，如图 4.7 所示。

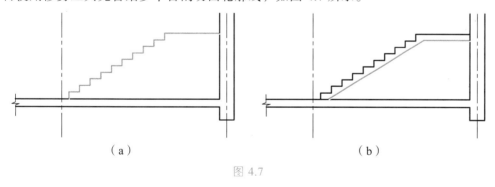

（a）　　　　　　　　　　　　　　　（b）

图 4.7

3. 绘制其他梯段踏步剖面轮廓线

绘制方法与一层上行梯段相同，完成整体踏步绘制，如图 4.8 所示。

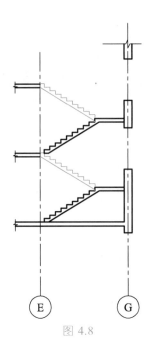

图 4.8

本任务是在识读一层平面图和一层、二层、三层楼梯详图的基础上,得到踏步相关尺寸,使用直线、复制、合并、偏移、修剪工具绘制楼梯踏步剖面轮廓线。

拓展笔记

巩固练习

1. 单选题

（1）AutoCAD 软件版本为 2023 版,以下哪个文件可以被打开?（   ）

A. 一层平面图.jpg   B. 一层平面图.ppt

C. 一层平面图.doc   D. 一层平面图.dwg

（2）以下哪个是楼梯踏步的合理尺寸？（   ）

A. 高度 50 mm   B. 深度 100 mm

C. 高度 150 mm   D. 深度 150 mm

（3）（   ）在 AutoCAD 软件可以被分解。

A. 圆   B. 矩形   C. 直线   D. 椭圆

2. 判断题

（1）在剖面图中不需要绘制看不见的轮廓线。（   ）

（2）在 AutoCAD 软件书写字体时，汉字与数字的字体样式不同。（   ）

（3）"标注样式管理器"的快捷键是 DT。（   ）

参考答案：

1. 单选题

（1）D   （2）C   （3）B

2. 判断题

（1）√   （2）√   （3）×

任务三　绘制栏杆扶手及剖面图案填充

一、任务内容

运用 AutoCAD 软件绘制栏杆扶手及剖面图案填充。

二、学习目标

窗户和楼梯栏杆扶手绘制

（1）能够运用 AutoCAD 软件正确地绘制栏杆扶手及剖面图案填充；

（2）培养学生严谨的科学态度、吃苦耐劳的品格；

（3）提高学生分析问题、解决问题、团队合作的能力。

三、任务步骤

1. 绘制栏杆扶手轮廓

识图可知，栏杆高度 1 100，扶手间距按图绘制，可按 5 等分栏杆距离绘制。

楼梯段栏杆和扶手轮廓线绘制过程如下：

命令: _line;

指定第一个点:鼠标左键点击三层楼梯最高踏步边缘;

指定下一点或 [放弃（U）]: 鼠标垂直向上移动，键盘输入数字 1 100，按回车键。

命令: _copy;

选择对象: 找到 1 个，总计 1 个;

指定基点或 [位移（D）/模式（O）] <位移>: 鼠标左键单击栏杆轮廓线，按键盘回车键;

指定第二个点或 [阵列（A）] <使用第一个点作为位移>: 复制栏杆轮廓线至三层楼梯其余踏步处。

命令: _divide;

选择要定数等分的对象: 选择三层楼梯左端栏杆轮廓线;

输入线段数目或 [块（B）]: 5。

命令: _divide;

选择要定数等分的对象: 选择三层楼梯右端栏杆轮廓线;

输入线段数目或 [块（B）]: 5。

命令: _line;

指定第一个点: 鼠标左键点击左端栏杆轮廓线等分点;

指定下一点或 [放弃（U）]: 鼠标左键点击右端栏杆轮廓线等分点。

如果等分后不显示等分点，可以点击格式菜单，打开点样式，修改点的样式即可。复制三层楼梯栏杆扶手至一层、二层楼梯段，完成后效果如图 4.9 所示。

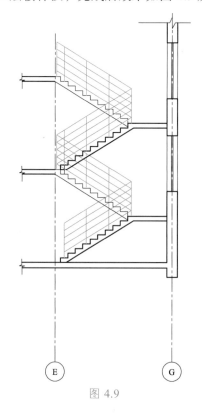

图 4.9

2. 楼梯剖面图案填充

根据设计说明，楼梯段及楼板为钢筋混凝土。按照制图规定楼梯剖面应画出材料图例。

剖面图案填充绘制过程如下：

命令：_hatch；

拾取内部点或 [选择对象（S）/放弃（U）/设置（T）]：鼠标选择 ANSI31 图案；

正在分析所选数据…

正在分析内部孤岛…

拾取内部点或 [选择对象（S）/放弃（U）/设置（T）]：鼠标左键点击填充楼梯轮廓内部，按键盘回车键。

命令：_hatch；

拾取内部点或 [选择对象（S）/放弃（U）/设置（T）]：鼠标选择 AR-CONC 图案；

正在分析所选数据…

正在分析内部孤岛…

拾取内部点或 [选择对象（S）/放弃（U）/设置（T）]：鼠标左键点击填充楼梯轮廓内部，按键盘回车键。

如果填充图案显示太小或太大，可修改填充对话框中的填充比例数值，直至图案显示符合要求。楼梯填充绘制完成后效果如图 4.10 所示。

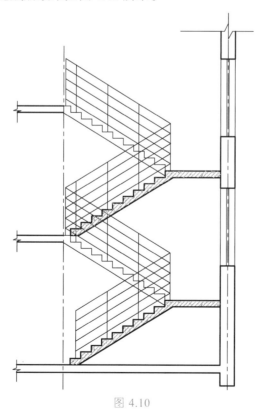

图 4.10

四、任务总结

本任务是在识读设计说明、各层平面图、各楼梯详图的基础上，得到楼梯段材料、栏杆扶手尺寸等信息，再使用直线、修剪、复制、定数等分、图案填充等工具绘制出栏杆扶手及剖面图案填充。

拓展笔记

巩固练习

1. 单选题

（1）AutoCAD 软件中"图案填充"的快捷键是（　　）。

    A. HH   B. H   C. XT   D. LTS

（2）AutoCAD 软件中"定数等分"的快捷键是（　　）。

    A. DIV   B. DIS   C. DV   D. MV

（3）剖切到的梁、地板、楼梯、门窗、雨篷、地面和屋顶等部件轮廓应该用（　　）表示。

    A. 细实线   B. 粗实线   C. 点划线   D. 粗虚线

2. 判断题

（1）执行 BHATCH 命令后所选区域内仍然一片空白，原因之一是 Scale 值选用不当。（　　）

（2）Lengthen 命令可以改变圆弧的长度，操作时也无任何限制。（　　）

（3）执行 ZOOM 命令后，图形在屏幕上放大缩小的结果和执行 SCALE 命令结果一样。（　　）

（4）图案填充时使用"拾取点"方式选择的区域边界必须是连通的。（　　）

参考答案：

1. 单选题

（1）B   （2）A   （3）B

2. 判断题

（1）√　　（2）×　　（3）×　　（4）√

任务四　楼梯剖面图尺寸和标高标注

一、任务内容

运用 AutoCAD 软件对剖面图进行尺寸标注和标高标注。

二、学习目标

（1）能够运用 AutoCAD 软件正确地绘制尺寸和标高；
（2）培养学生严谨的科学态度、吃苦耐劳的品格；
（3）提高学生分析问题、解决问题、团队合作的能力。

三、任务步骤

1. 设置标注样式

剖面图打印比例为 1：50，平面图打印比例为 1：100，因此剖面图标注样式设置中全局比例应设置为 50，其余设置与平面图标注样式设置相同。

2. 绘制尺寸

将标注图层置为当前，利用线性标注、连续标注工具绘制尺寸标注。绘制方法与平面图、立面图相同。

3. 绘制标高

根据《房屋建筑制图统一标准》规定，标高符号为等腰直角三角形，高约等于 3 mm，底边长 6 mm。1—1 楼梯剖面图打印比例为 1：50，因此标高符号绘制时应将尺寸放大 50 倍，即标高符号高度为 3 mm 的 50 倍，为 150 mm；底边长度为 6 mm 的 50 倍，为 300 mm。

尺寸标注及标高标注

使用直线绘制标高符号，再使用文字工具书写标高数字，将标高符号和标高数字整体移动放置在合适位置。

4. 注写图名和比例

使用文字工具书写图名，"1—1 楼梯剖面图"字体样式为"汉字"，字体高度可设为 500；"1：50"字体样式为"数字字母"，字体高度可以设为 300。图名和比例下画横线，图名和比例放置在图下居中位置，如图 4.11 所示。

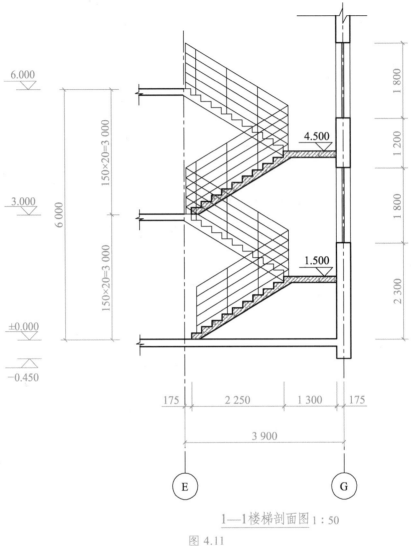

1—1楼梯剖面图 1 : 50

图 4.11

四、任务总结

本任务是在识读设计说明、一至三层平面图、各层楼梯详图的基础上，得到剖面楼板、外墙、窗、楼梯踏步、平台、栏杆扶手的位置信息和尺寸，使用直线、复制、线性标注、连续标注工具绘制出剖面图尺寸及标高。

拓展笔记

1. 单选题

（1）下列选项中，（ ）图形不能被定数等分。

  A. 多段线   B. 圆弧   C. 构造线   D. 直线

（2）使用复制命令对图形对象进行复制时，有时结合（ ）功能，可以快速准确地完成复制操作。

  A. 对象捕捉   B. 对象追踪   C. 正交   D. DYN

（3）"线性标注"的快捷键是（ ）。

  A. DLT   B. DLI   C. DBA   D. DCO

（4）使用"快速标注"命令标注圆或圆弧时，不能自动标注哪一项？（ ）

  A. 圆心   B. 半径   C. 直径   D. 基线

（5）下列捕捉方式中，不能够作为目标捕捉方式的是（ ）。

  A. 中心捕捉   B. 圆心捕捉   C. 凹凸点捕捉   D. 交点捕捉

（6）所有尺寸标注公用一条尺寸界线的是（ ）。

  A. 基线标注   B. 连续标注   C. 引线标注   D. 公差标注

2. 判断题

（1）使用"线性标注"命令对图形进行尺寸标注时，只可以修改标注的文字内容。（ ）

（2）执行"对齐标注"命令后,选择要标注的对象并指定尺寸标注的位置即可为图形进行对齐标注。（ ）

（3）使用"对齐标注"命令对图形进行标注时，其尺寸线与标注对象平行，若是标注圆弧两个端点间的距离，则尺寸线与圆弧的两个端点所产生的弦保持平行。（ ）

3. 操作题

（1）绘制一条 500 mm 长度的水平线，并 6 等分。

（2）上一题操作后发现等分点不显示，如何修改？

参考答案：

1. 单选题

（1）C　（2）A　（3）B　（4）A　（5）C　（6）A

2. 判断题

（1）×　（2）√　（3）√

3. 操作题

（1）绘制一条 500 mm 长度的水平线，并 6 等分。

操作提示：

首先启动"绘图"→"直线"命令，打开"正交"，绘制一条长度 500 mm 的直线；然后用"绘图"→"点"→"定数等分"命令，输入段数"6"；最后用鼠标左键点击直线，回车。

（2）上一题操作后发现等分点不显示，如何修改？

操作提示：

启动"格式"→"点样式"命令，在对话框中选择点图案，确定。

任务一　CAD 出图布局设置及打印样式设置

根据《房屋建筑制图统一标准》规定，建筑图纸的幅面从大到小有 A0、A1、A2、A3、A4 五种，幅面及图框尺寸如表 5.1 所示，图中尺寸单位为毫米（mm）。图纸内绘制图框，线型为粗实线，图框的右下角画出标题栏，线型为中粗实线。需要会签的图纸还需要绘制会签栏，A0 ~ A3 横式图纸格式如图 5.1 所示。

表 5.1　图纸幅面及图框尺寸　　　　　　　　　　单位：mm

尺寸代号	幅面代号				
	A0	A1	A2	A3	A4
$B \times L$	841×1 189	594×841	420×594	297×420	210×297
c	10			5	
a	25				

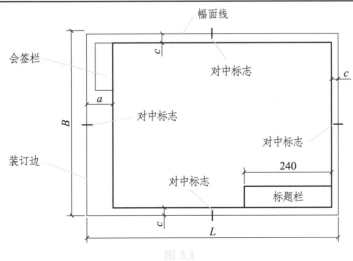

图 5.1

AutoCAD 有模型空间和布局空间两个工作空间。模型空间主要用于图形的绘制；布局空间主要用于图样的布局和打印。

1. 模型空间

在模型空间中，可绘制二维图形或者三维模型，为图形添加标注和注释等内容，模型空间是一个没有界限的三维空间，因此在绘图时按照 1∶1 的比例绘制。

模型空间对应的窗口称为模型窗口，在模型窗口中，十字光标在整个绘图区域都处于激活状态，并且可创建多个不重复的平铺视口，用来从不同的角度观测图形。在一个视口中对图形做出修改后，其他的视口也会随之更新，如图 5.2 所示。

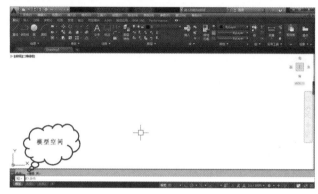

图 5.2

2. 布局空间

布局空间又叫作图纸空间，可以方便地选择打印设备、设置纸张大小、打印比例，进行图样的打印布局，并预览实际出图的效果。CAD 的布局功能可模拟图纸页面的显示，一个布局就如同一张可以使用各种比例显示一个或多个模型视图的图纸。在布局空间通过创建视口的方式将模型打印到纸面上形成图样。

布局空间对应的窗口叫作布局窗口，同一个 CAD 文档中可以创建多个不同的布局图，单击工作区左下角的各个布局按钮，可以从模型窗口切换到各个布局窗口。当需要将多个视图放在同一张图样上输出时，通过布局可以很方便地实现图纸的打印出图，如图 5.3 所示。

图 5.3

一、任务内容

（1）在布局空间设置 1 : 100 出图布局样式；
（2）设置打印样式，并生成图纸 PDF。

二、学习目标

（1）掌握 GBT 50001—2017《房屋建筑制图统一标准》关于图幅、比例的规定；
（2）使用 AutoCAD 软件正确地设置出图布局样式、打印样式和虚拟打印；
（3）培养学生严谨的科学态度、吃苦耐劳的品格；
（4）提高学生分析问题、解决问题、团队合作的能力。

三、任务步骤

1. 打印布局样式设置

下面以 1-7 轴立面图在 A3 横式图纸出图为例讲解打印布
局样式设置操作。

CAD 出图布局设置及打印样式设置

（1）点击界面左下角"模型"，在模型空间按照图纸比例绘制 1-7 轴立面图，如图 5.4
所示。

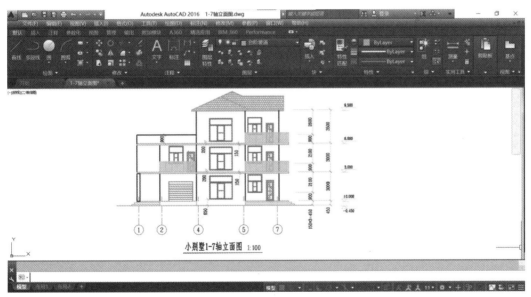

图 5.4

（2）点击界面左下角"布局 1"，在布局空间绘制 A3 横式图纸，注意按照原始尺寸绘制，
即 420 mm×297 mm，如图 5.5 所示。

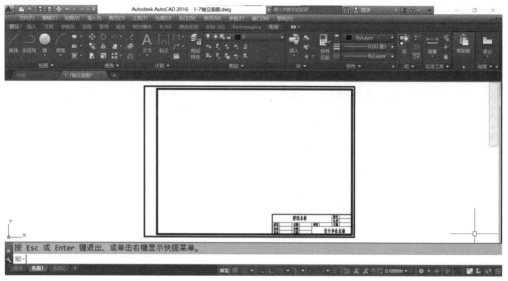

图 5.5

（3）创建打印视口。

命令: MVIEW 键盘输入 mv，按回车键，创建打印视口；

指定视口的角点或 [开（ON）/关（OFF）/布满（F）/着色打印（S）/锁定（L）/对象（O）/多边形（P）/恢复（R）/图层（LA）/2/3/4] <布满>:鼠标左键依次点击图框的左上角和右下角点（图纸内框的对角点）；

指定对角点: 正在重生成模型，如图 5.6 所示。

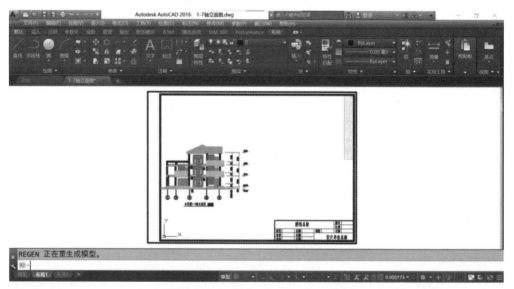

图 5.6

（4）鼠标左键双击 A3 图纸内部空白位置，进入打印视口，点击界面右下方"视口比例"右侧的白色下拉箭头，选择 1：100，完成打印比例的设置。然后移动屏幕使图形居中，如图5.7 所示。

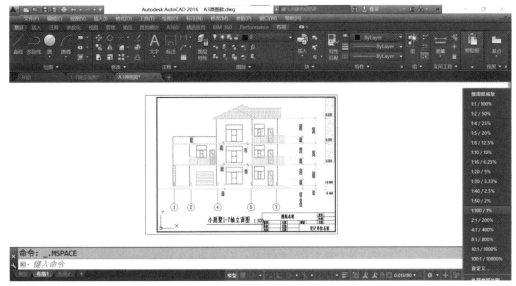

图 5.7

（5）鼠标左键双击 A3 图框外部，退出打印视口，打印设置完毕，如图 5.8 所示。

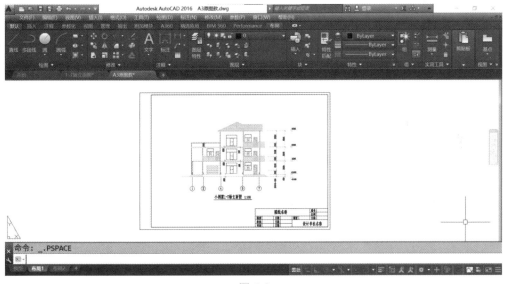

图 5.8

2. 设置打印样式并生成 PDF 图纸

在"布局 1"处点击鼠标右键，选择【打印】，进入打印设置。在弹出的【打印-布局 1】对话框中选择打印机/图仪名称为"DWG to PDF.pc5"，图纸尺寸选择"ISOA3"，图纸方向选择"横向"，打印范围选择"窗口"。鼠标左键分别点击 A3 图幅线即外框的左上角和右下角，勾选"居中打印"，打印样式表选择"monochrome.ctb"，然后点预览，查看打印效果。最后点确定，完成 PDF 图纸虚拟打印，如图 5.9、图 5.10 所示。

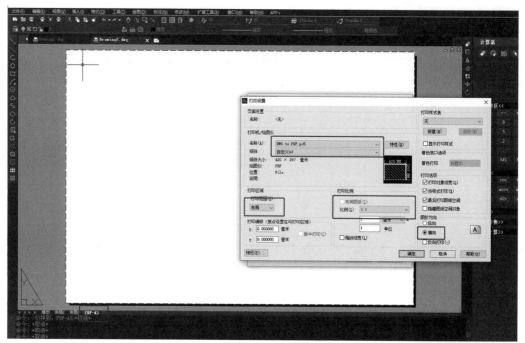

图 5.9

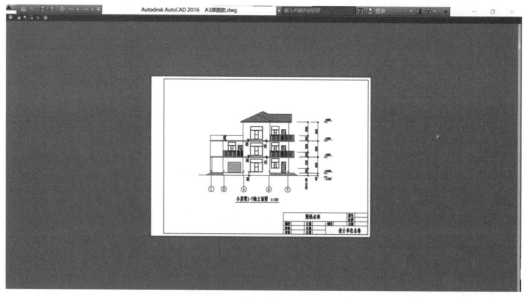

图 5.10

四、任务总结

本任务是在掌握《房屋建筑制图统一标准》关于图纸幅面及组成的基础上，理解 AutoCAD 软件模型空间和布局空间、绘图比例和出图比例的含义，掌握在布局空间设置打印比例以及打印样式，实现准确、快速、高效出图的目的。

巩固练习

1. 单选题

（1）在 AutoCAD 中，绘图比例通常为（   ）。

    A. 1：1   B. 1：10

    C. 1：100   D. 1：500

（2）制图规范规定，A3 图纸的尺寸为（   ） mm。

    A. 420×290   B. 290×420

    C. 420×297   D. 290×427

（3）如果在模型空间打印一张图比例为 10：1，那么想在图纸上得到 3 mm 高的字，应在图形中设置的字高为（   ）。

    A. 3 mm   B. 0.3 mm   C. 30 mm   D. 10 mm

（4）打印输出的快捷键是（   ）。

    A. Ctrl+A   B. Ctrl+P   C. Ctrl+M   D. Ctrl+Y

（5）对尚未安装的打印机需要进行哪项操作才能使用？（   ）

    A. 页面设置

    B. 打印设置

    C. 编辑打印样式

    D. 添加打印机向导

2. 判断题

（1）打印样式表有颜色相关打印样式和命名打印样式两种类型，一个图形可以使用多种类型的打印样式表。（   ）

（2）图纸纸型是指用于打印图形的纸张大小。（   ）

（3）在"打印方向"栏中只能选择"横向"或者"纵向"打印。（   ）

参考答案：

1. 单选题

（1）A　　（2）C　　（3）C　　（4）B　　（5）D

2. 判断题

（1）×　　（2）√　　（3）√

第二篇

BIM

项目六

BIM 认知

任务一　BIM 概述及 BIM 建模基础知识

一、任务内容

认识 BIM 和 BIM 建模的基础知识。

BIM 概述及 BIM 建模基础知识

二、学习目标

（1）掌握 BIM 的基本概念；
（2）能够准确理解 BIM 的本质；
（3）理解族、项目概念。

三、任务步骤

（一）BIM 的基本概念

BIM 即建筑信息模型（Building Information Modeling），在《建筑信息模型应用统一标准》中，将 BIM 定义如下：建筑信息模型是指在建设工程及设施全生命期内，对其物理和功能特性进行数字化表达，并依此设计、施工、运营的过程和结果的总称，简称模型。

20 世纪 60 年代，人们从手工绘图中解放出来，甩掉沉重的绘图板，转换为以 CAD 为主的绘图方式。如今正逐步从二维 CAD 绘图转换为三维可视化 BIM，人们认为 CAD 技术的出现是建筑业的第一次革命，而 BIM 模型为一种包含建筑全生命周期中各阶段信息的载体，实现了建筑从二维到三维的跨越，因此 BIM 也被称为是建筑业的第二次革命。它的出现与发展必然推动着三维全生命周期设计，取代传统二维设计及施工的进程，拉开建筑业信息化发展的新序幕。

（二）BIM 的特点

BIM 具备以下五个特征：

一是可视化。在 BIM 建筑信息模型中，整个施工过程都是可视化的，所以，可视化的结果不仅可以带来效果图的展示及报表的生成，更重要的是，项目设计、建造、运营过程中的沟通、讨论、决策都在可视化的状态下进行，极大地提升了项目管控的科学化水平。

二是协调性。BIM 的协调性服务可以帮助解决项目从勘探设计到环境适应再到具体施工的全过程协调问题，也就是说 BIM 建筑信息模型可在建筑物建造前期对各专业的碰撞问题进行协调，生成协调数据，并能在模型中生成解决方案，为提升管理效率提供了极大的便利。

三是优化性。事实上整个设计、施工、运营的过程就是一个不断优化的过程，当然优化和 BIM 也不存在实质性的必然联系，但在 BIM 的基础上可以做更好的优化，包括项目方案优化、特殊项目的设计优化，等等。

四是模拟性。模拟性并不是只能模拟设计出的建筑物模型，BIM 的模拟性还可以模拟不能够在真实世界中进行操作的事物。在设计阶段，BIM 可以对设计上需要进行模拟的一些东西进行模拟实验，例如：节能模拟、紧急疏散模拟、日照模拟、热能传导模拟等；在招投标和施工阶段可以进行 4D 模拟（三维模型加项目的发展时间），也就是根据施工的组织设计模拟实际施工，从而确定合理的施工方案来指导施工。同时还可以进行 5D 模拟（基于 3D 模型的造价控制），从而实现成本控制；后期运营阶段可以模拟日常紧急情况的处理方式，例如地震人员逃生模拟及消防人员疏散模拟等。

五是可出图性。BIM 的可出图性主要基于 BIM 应用软件，可实现建筑设计阶段或施工阶段所需图纸的输出，还可以通过对建筑物进行可视化展示、协调、模拟、优化，帮助建设方出图纸。

（三）BIM 的行业现状和发展趋势

2011 年中华人民共和国住房和城乡建设部（以下简称"住建部"）发布《2011—2015 年建筑业信息化发展纲要》，第一次将 BIM 纳入信息化标准建设内容，2013 年推出《关于推进建筑信息模型应用的指导意见》，2016 年发布《2016—2020 年建筑业信息化发展纲要》，BIM成为"十三五"建筑业重点推广的五大信息技术之首；进入 2017 年，国家和地方加大 BIM政策与标准落地，《建筑业十项新技术 2017》将 BIM 列为信息技术之首。在住建部政策引导下，我国各省、市、自治区也在加快推进 BIM 技术在本地区的发展与应用。北京、上海、广东、福建、湖南、山东、广西等省、市、自治区陆续出台相关 BIM 技术标准和应用指导意见，从中央到地方全力推广 BIM 在我国的发展。

（四）BIM 的应用

1. BIM 在设计阶段的应用

（1）设计三维化；

（2）日照分析与太阳能利用模拟；

（3）室外风环境分析模拟；

（4）建筑功能分析模拟；

（5）灾害模拟分析；

（6）设计三维化与二维出图；

（7）室内采光分析；

（8）室内风环境分析模拟；

（9）建筑节能分析与能效评价；

（10）噪声分析；

（11）管线综合与碰撞报告；

（12）管线深化与优化；

（13）装饰效果模拟；

（14）工程量统计与造价计算分析。

2. BIM 在施工阶段的应用

（1）BIM 模型细化与模型维护；

（2）管线深化优化；

（3）预留预埋定位出图；

（4）综合支吊架设计；

（5）计量支付；

（6）复杂节点模型表达；

（7）模型指导施工；

（8）进度控制；

（9）质量与安全控制；

（10）计量支付与变更分析；

（11）施工现场布置；

（12）施工安排；

（13）下料计算；

（14）技术交底。

3. BIM 在运维阶段的应用

（1）数据的形式与保存；

（2）方便存储设备设施维护记录；

（3）提高运维方的安全管理。

（五）族、项目的概念

1. 样　板

文件格式为 rte 格式。项目样板为新项目提供了起点，包含项目单位、标注样式、文字样式、线型、线宽、线样式、导入/导出设置等内容。Revit 中提供了若干样板，用于不同的规程和建筑项目类型。也可以创建自定义样板，以满足特定的需要。

2. 项　目

文件格式为 rvt 格式。项目是单个设计信息数据库模型，包含了建筑的所有设计信息（从几何图形到构造数据），以及所有的建筑模型、注释、视图、图纸等项目内容。通常基于项目样板文件（ret）创建项目文件，编辑完成后保存为 rvt 文件，作为设计使用的项目。

3. 组

项目或族中的图元成组后，可多次放置在项目或族中，通常用于需要创建表示重复布局或用于许多建筑项目的实体时，对图元进行分组非常有用。要保存 Revit 的组为单独的文件，可以选择的保存格式为 rvt，需要用到组时可以使用插入选项卡下的作为组载入命令。

4. 族

族是 Revit 的重要基础。Revit 的任何单一图元都由某一个特定的族产生。例如，一扇门、一扇墙、一个尺寸标注、一个图框。由一个族产生的各图元均具有相似的属性或参数。

（1）可载入族。

可载入族是指单独保存为族"rfa"格式的独立族文件，却可以随时载入到项目中的族。

（2）系统族。

系统族仅能利用系统提供的默认参数进行定义，不能作为单个族文件载入或创建。

（3）内建族。

在项目中新建的族，它与之前介绍的"可载入族"的不同在于，"内建族"只能存储在当前的项目文件里，不能单独存成 raf 文件，但可组成后保存于别的项目文件。

四、任务总结

本次课学习了 BIM 的基本概念、BIM 的特点、BIM 的行业现状和发展趋势、 BIM 的应用以及族、项目的概念，为后续内容的学习奠定基础。

拓展笔记

项目七

BIM 建模——族创建

任务一　BIM 建族基本工具

一、任务内容

掌握 Revit 族工具编辑命令的使用方法。

BIM 建族基本工具

二、学习目标

（1）掌握 Revit 软件族的基本操作；

（2）具备创建拉伸、融合、旋转、放样和放样融合体的能力；

（3）提高学生分析问题、解决问题的能力。

三、任务步骤

BIM 建族的基本工具包括拉伸、融合、旋转、放样、放样融合和空心形状。

1. 拉　伸

拉伸是通过拉伸二维形状（轮廓）来创建三维实心形状。绘制二维形状时，可将该形状用作在起点与端点之间拉伸的三维形状基础，即基于一个平面，以固定的截面拉伸固定的高度而建模的方式，如图 7.1 所示。

创建拉伸体基本操作：

在"族编辑器"中的"创建"选项卡 ➤ "形状"面板上，执行下列操作：

（1）单击 ▯（拉伸）。

（2）使用绘制工具绘制拉伸轮廓：

① 要创建单个实心形状，需绘制一个闭合环。

② 要创建多个形状，需绘制多个不相交的闭合环。

（3）在"属性"选项板上，指定拉伸属性。

要从默认起点"0"拉伸轮廓，需在"限制条件"下的"拉伸终点"中输入一个正/负拉伸深度。打开三维视图，拉伸体如图 7.1 所示。

注意：要从不同的起点拉伸，需在"限制条件"下输入新值作为"拉伸起点"。

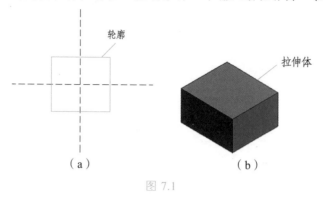

图 7.1

2. 融 合

融合命令可以将两个平行端面上的不同形状（轮廓）进行融合建模，从起始形状融合到最终形状。

创建融合体基本操作：

在"族编辑器"中的"创建"选项卡 ➤ "形状"面板上，执行下列操作：

（1）单击 🪣（融合）。

（2）在"修改 | 创建融合底部边界"选项卡→"绘制"面板中，使用绘制工具绘制融合的底部边界，例如绘制一个正方形，如图 7.2（a）所示。

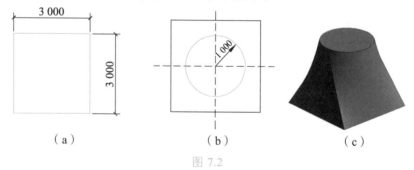

图 7.2

（3）在"修改 | 创建融合底部边界"选项卡→"模式"面板上，单击"编辑顶部"按钮。

（4）在"修改 | 创建融合顶部边界"选项卡→"绘制"面板中，使用绘制工具绘制融合的顶部边界，例如以正方形中心为圆心绘制一个圆，如图 7.2（b）所示。

技巧：如有必要，可单击"模式"面板→"编辑顶点"来控制融合体中的扭曲数量。

（5）在"属性"框中，设置融合属性：通过在"约束"中输入"第二端点"和"第一端点"的值确定融合的深度，如设置"第二端点"的值为"2500"，默认状态下"第一端点"的值为"0"；指定材质、选择实心/空心等。

（6）单击"修改 | 创建融合顶部边界"选项卡→"模式"面板→（完成编辑模式）完成融合建模。打开三维视图，查看融合效果，如图 7.2（c）所示。

（7）在三维视图中可选择并使用夹点进行编辑，调整融合大小。

3. 旋　转

旋转是将某个二维闭合形状（轮廓）围绕一根轴旋转指定角度而生成三维模型。

创建旋转体基本操作：

在"族编辑器"中的"创建"选项卡 ➤ "形状"面板上，执行下列操作：

（1）单击 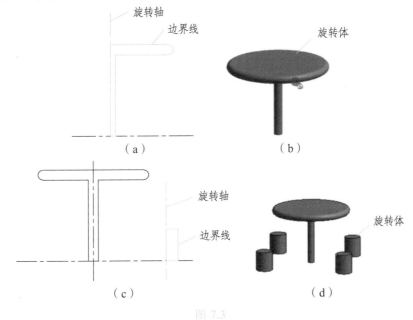（旋转）。

（2）使用绘制工具绘制形状，以围绕着轴旋转，二维形状边界必须是闭合的。

① 单击"修改 | 创建旋转"选项卡 ➤ "绘制"面板 ➤ （边界线）。

② 要创建单个旋转，请绘制一个闭合环。

③ 要创建多个旋转，请绘制多个不相交的闭合环。

注意： 如果轴与旋转造型接触，则产生一个实心几何图形。如果轴不与旋转形状接触，旋转体中将有个孔。

（3）设置旋转轴。

① 在"修改 | 创建旋转"选项卡 ➤ "绘制"面板上，单击 （轴线）。

② 在所需方向上指定轴的起点和终点。

（4）在"属性"选项板上，更改旋转的属性。

修改要旋转的几何图形的起点和终点，请输入新的"起始角度"和"结束角度"。

（5）在"模式"面板上，单击"✔"（完成编辑模式）。

（6）打开三维视图查看旋转体，如图7.3所示。

图 7.3

4. 放　样

放样是通过沿路径放样二维轮廓，可以创建三维形状。

创建放样体基本操作：

169

在"族编辑器"中的"创建"选项卡 ➤ "形状"面板上，执行下列操作：

（1）单击 🖨 （放样）。

（2）单击"修改 | 放样"选项卡 ➤ "放样"面板 ➤ 🖊 （绘制路径）。

注意：

① 路径既可以是单一的闭合路径，也可以是单一的开放路径，但不能有多条路径。路径可以是直线和曲线的组合。

② 若要为放样选择现有的线，请单击"修改 | 放样"选项卡 ➤ "放样"面板 ➤ 🗗 （拾取路径）。

（3）在"模式"面板上，单击"✔"（完成编辑模式）。

（4）绘制轮廓。

单击"修改 | 放样"选项卡 ➤ "放样"面板，确认"<按草图>"已经显示出来，然后单击 🖐 （编辑轮廓），在靠近轮廓平面和路径的交点附近绘制轮廓。

注意：

① 如果显示"进入视图"对话框，则选择要从中绘制该轮廓的视图，然后单击"确定"。例如，如果在平面视图中绘制路径，应选择立面视图来绘制轮廓。

② 轮廓必须是闭合环。

（5）单击"修改 | 放样" ➤ "模式""✔"（完成编辑模式）。

（6）在"模式"面板上，单击"✔"（完成编辑模式），如图 7.4 所示。

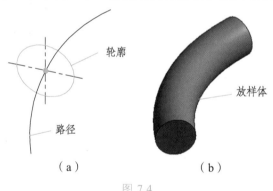

（a）   （b）

图 7.4

5. 放样融合

放样融合的形状是由起始形状、最终形状和指定的二维路径确定。通过放样融合工具可以创建一个沿某个路径对两个不同轮廓进行放样的融合体。

创建放样融合体基本操作：

在"族编辑器"中的"创建"选项卡 ➤ "形状"面板上，执行下列操作：

（1）单击 🖼 （放样融合）。

（2）在"修改 | 放样融合"选项卡 ➤ "放样融合"面板上执行下列操作：

① 单击 🖊 （绘制路径）可以为放样融合绘制路径。

② 单击 🗗 （拾取路径）可以为放样融合拾取现有线和边。

注意：放样融合路径只能有一段。

（3）在"模式"面板上，单击"✔"（完成编辑模式）。

（4）在"放样融合"面板中，确认已选择 <按草图>，然后单击 ✍ （编辑轮廓）。

注意：如果显示"进入视图"对话框，则选择要从中绘制该轮廓的视图，然后单击"确定"。

（5）可以使用"修改 | 放样融合">"编辑轮廓"选项卡上的工具来绘制轮廓。 轮廓必须是闭合环。

（6）在"模式"面板上，单击"✔"（完成编辑模式）。

（7）单击"修改 | 放样融合"选项卡 ➤ "放样融合"面板 ➤ ◻ （选择轮廓2）。

使用以上步骤载入或绘制轮廓2。

（8）完成后，单击"模式"面板"✔"（完成编辑模式），如图7.5所示。

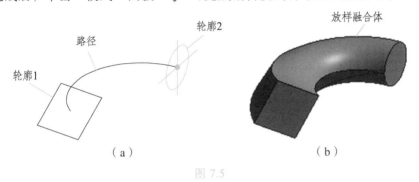

（a）　　　　　　　　　　　（b）

图 7.5

6. 空心形状

"空心形状"包括"空心拉伸""空心融合""空心旋转""空心放样""空心放样融合"，用于删除实心形状的一部分，其操作方法与"拉伸""融合""旋转""放样""放样融合"相同，如图7.6所示。

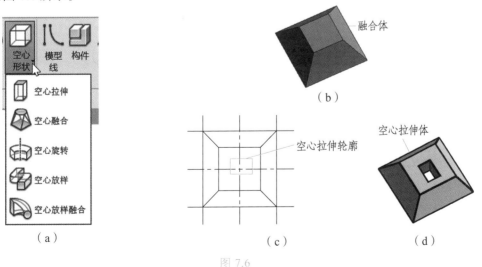

（a）　　　　　　　　（c）　　　　　　　　（d）

图 7.6

四、任务总结

本次课主要学习了拉伸、融合、旋转、放样、放样融合和空心形状六个建族基本工具，这也是后面我们学习族创建的基础，同学们需多加练习。

拓展笔记

巩固练习

1. 单选题

（1）拉伸是通过拉伸（　　）（轮廓）来创建三维实心形状。

    A. 二维形状　　　　　　　　　　　　B. 一条线

    C. 三维形状　　　　　　　　　　　　D. 多条线

（2）旋转是将某个二维闭合形状(轮廓)围绕（　　）旋转指定角度而生成三维模型。

    A.一个点　　　　　　　　　　　　　B. 一条线

    C.一根轴　　　　　　　　　　　　　D. 一个面

（3）放样融合的形状是由起始形状、最终形状和指定的（　　）确定。

    A. 一个点　　　　　　　　　　　　　B. 一条线

    C. 一个面　　　　　　　　　　　　　D. 二维路径

（4）族样板文件的扩展名为（　　）。

    A. rfa　　　　　　B. rvt　　　　　　C. rte　　　　　　D. rft

（5）在我国现阶段普及最广的 BIM 软件是（　　）。

    A.CAD　　　　　　B. Projectwise　　　C. BIM5D　　　　D. Revit

（6）使用对齐编辑命令时，要对相同的参照图元执行多重对齐，请按住（　　）。

    A. Ctrl 键　　　　　B. Tab 键　　　　　C.Shift 键　　　　D. Alt 键

2. 多选题

（1）Revit族的分类有（　　　）。

    A. 内建族   B. 系统族   C. 体量族   D. 可载入族

（2）工作平面的设置方法有（　　　）。

    A. 拾取一个参照平面

    B. 拾取参照线的水平与垂直法面

    C. 依据名称

    D. 拾取任意一条线并使用该条线所在的工作平面

（3）族创立构思需要考虑哪些要素？（　　　）

    A. 族插入点/原点

    B. 族的主体和族的种类

    C. 族的详细程度

    D. 族的显示特征

3. 判断题

（1）Revit 上下版本和保存工程文件之间的关系是：高版本 Revit 能够打开低版本工程文件，并只能保存为高版本工程文件。（　　　）

（2）放样路径既可以是单一的闭合路径，也可以是单一的开放路径，但不能有多条路径。路径可以是直线和曲线的组合。（　　　）

（3）旋转时，如果轴与旋转造型接触，则产生一个空心几何图形。（　　　）

（4）可以对快速访问工具栏进行自定义包含一组默认工具，使其显示最常用的工具。（　　　）

参考答案：

1. 单选题

（1）A　　（2）C　　（3）D　　（4）D　　（5）D　　（6）A

2. 多选题

（1）ABD　　（2）ABCD　　（3）ABCD

3. 判断题

（1）√　　（2）√　　（3）×　　（4）√

任务二　拉伸体

一、任务内容

运用 Revit 软件创建拉伸体：凉亭。

BIM 建族——拉伸体讲解

二、学习目标

（1）掌握拉伸的应用；

（2）具备创建拉伸体应用的能力；

（3）提高学生分析问题、解决问题的能力。

三、任务步骤

【**实例 1**】图 7.7 所示为某凉亭模型的立面图和平面图，请按照图示尺寸建立凉亭实体模型。

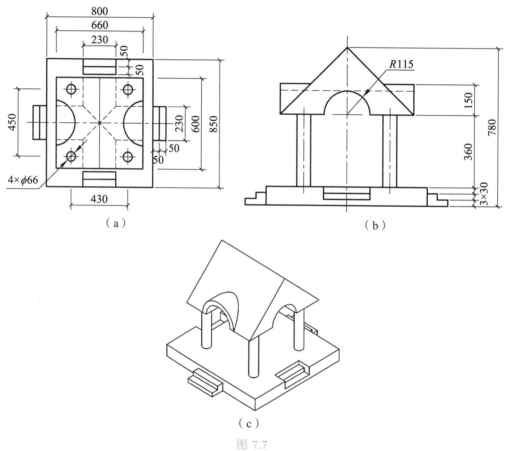

图 7.7

步骤提示：

（1）新建族文件，选择"公制常规模型"。

（2）"项目浏览器"切换平面视图，使用"参照平面"绘制辅助线，如图 7.8 所示。

（3）底座：

启用"创建"——"拉伸"工具，"绘制"面板选择"矩形"，绘制 800×850 的矩形；"属性"选项板设置拉伸起点为"0"，拉伸终点为"90"；"模式"面板点"完成编辑模式 ✔"，如图 7.9 所示。

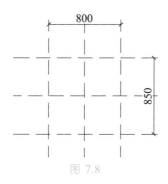

图 7.8

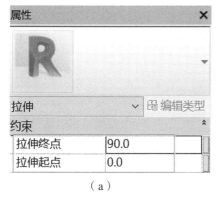

（a）

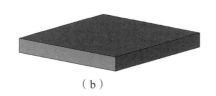

（b）

图 7.9

（4）左右台阶：

"项目浏览器"切换至前视图——启用"拉伸"工具，"绘制"面板选择"直线"，绘制台阶横断面轮廓；"属性"选项板设置拉伸起点为"115"，拉伸终点为"－115"；"模式"面板点"完成编辑模式 ✔"；"修改"面板选择"镜像-拾取轴"，镜像出另一边的台阶，如图 7.10 所示。

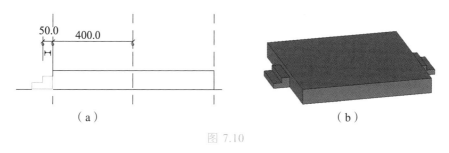

（a）   （b）

图 7.10

（5）前后台阶：

"项目浏览器"切换至右视图，启用"空心拉伸"工具，"绘制"面板选择"直线"，绘制台阶横断面轮廓；"属性"选项板设置拉伸起点为"115"，拉伸终点为"－115"；"模式"面板点"完成编辑模式 ✔"；"修改"面板选择"镜像-拾取轴"，镜像出另一边的台阶，如图 7.11 所示。

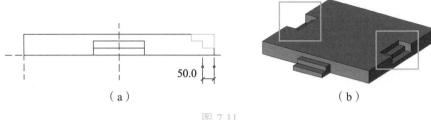

（a）　　　　　　　　　　　　　（b）

图 7.11

（6）柱：

参照平面确定柱中心点，启用"拉伸"工具，"绘制"面板选择"圆"，绘制半径为 33 的圆；"属性"选项板设置拉伸起点为"90"，拉伸终点为"450"；"模式"面板点"完成编辑模式 ✔"；"修改"面板选择"镜像-拾取轴"工具，镜像出其余 3 个柱子，如图 7.12 所示。

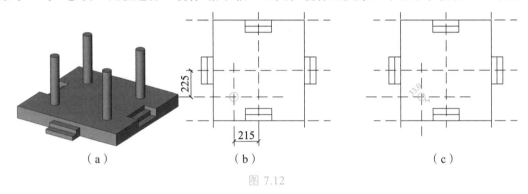

（a）　　　　　　　　　　（b）　　　　　　　　　　（c）

图 7.12

（7）顶：

①　"项目浏览器"选前视图，"参照平面"绘制辅助线，确定顶点底部和顶部位置，启用"拉伸"工具，选择"直线"绘制顶轮廓；在"属性"选项板设置拉伸起点为"300"，拉伸终点为"– 300"；"模式"面板点"完成编辑模式 ✔"，如图 7.13 所示。

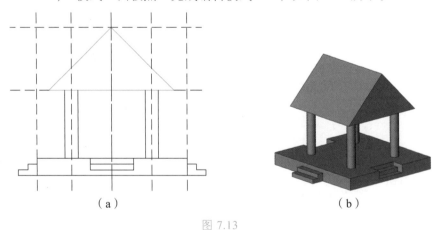

（a）　　　　　　　　　　　　　（b）

图 7.13

②　启用"空心拉伸"工具，"绘制"面板选择"圆心-端点弧"，绘制半径为 115 的半圆；在"属性"选项板设置拉伸起点为"– 300"，拉伸终点为"300"；"模式"面板点"完成编辑模式 ✔"，如图 7.14 所示。

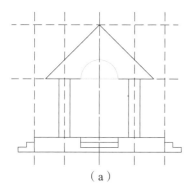

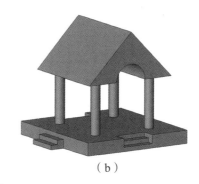

|（a）| | |（b）|

图 7.14

③ "项目浏览器"选左视图，启用"拉伸"工具，在"绘制"面板选择"圆心-端点弧"，绘制半径为 150 的半圆；在"属性"选项板设置拉伸起点为"330"，拉伸终点为"–330"，"模式"面板点"完成编辑模式 ✔"。

④ "几何图形"面板选择"连接-连接几何图形"，连接屋顶和半圆柱拉伸体，选择"剪切-剪切几何图形"，剪切空心半圆柱拉伸体和半圆柱拉伸体，如图 7.15 所示。

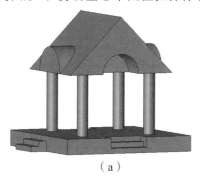

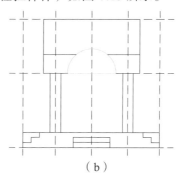

|（a）| | |（b）|

图 7.15

⑤ 启用"空心拉伸"工具，"绘制"面板选择"圆心-端点弧"，绘制半径为 115 的半圆，如图 7.16（a）所示；在"属性"选项板设置拉伸起点为"–330"，拉伸终点为"330"；"模式"面板点"完成编辑模式 ✔"。最终绘制效果如图 7.16（b）所示。

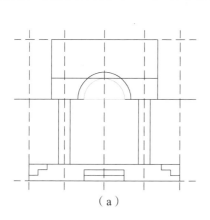

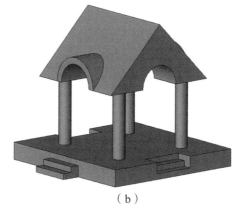

|（a）| | |（b）|

图 7.16

四、任务总结

本次课主要学习了 BIM 建族——拉伸体的创建，以实例凉亭模型为基础讲解了具体操作步骤，同学们需多加练习，以培养自主学习的能力。

拓展笔记

_____

_____

_____

_____

_____

巩固练习

1. 单选题

（1）"实心拉伸"命令的用法，正确的是（　　）。

    A. 轮廓可沿弧线路径拉伸

    B. 轮廓可沿单段直线路径拉伸

    C. 轮廓可以是不封闭的线段

    D. 轮廓按给定的深度值作拉伸，不能选择路径

（2）在【视图】选项卡【窗口】面板中没有提出以下哪个窗口操作命令？（　　）

    A. 平铺　　　　　　B. 复制　　　　　　C. 层叠　　　　　　D. 隐蔽

（3）以下哪个是族样板采纳的第一原则和最重要原则？（　　）

    A. 族的使用方式　　　　　　　　　　B. 族类型的确定

    C. 族样板的特别功能　　　　　　　　D. 族样板的活用

（4）在凉亭模型创建中，选择的样板文件为（　　）。

    A. 公制场地　　　　　　　　　　　　B. 公制轮廓

    C. 公制常规模型　　　　　　　　　　D. 自适应公制常规模型

（5）在凉亭模型创建中，前后台阶创建选择的是（　　）。

    A. 实心拉伸　　　　　　　　　　　　B. 空心拉伸

    C. 实心融合　　　　　　　　　　　　D. 空心融合

2. 判断题

（1）Revit 中，拉伸需对选定的二维形状通过设置拉伸起点和拉伸终点创建三维模型。（   ）

（2）连接几何图形工具将删除连接的图元之间的可见边缘，之后连接的图元便可以共享相同的线宽和填充样式。（   ）

（3）凉亭模型创建过程中，左右台阶的创建运用的是空心拉伸。（   ）

（4）项目浏览器用于显示当前项目中所有视图、图纸、族和其他部分的逻辑层次。（   ）

3. 操作题

创建图 7.17 中的螺母模型，螺母孔的直径为 20 mm，正六边形边长为 18 mm，各边距孔中心 16 mm，螺母高 20 mm。

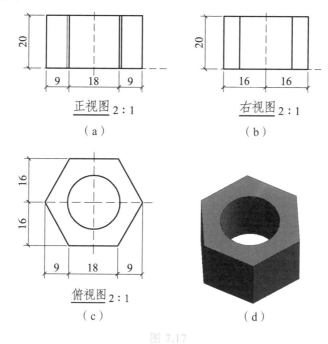

正视图 2∶1

（a）

右视图 2∶1

（b）

俯视图 2∶1

（c）

（d）

图 7.17

参考答案：

1. 单选题

（1）D　　（2）D　　（3）B　　（4）C　　（5）B

2. 判断题

（1）√　　（2）√　　（3）×　　（4）√

3. 操作题

操作提示：

（1）新建族文件，选择"公制常规模型"。

（2）"项目浏览器"切换至参照标高，启用"创建"——"拉伸"工具，"绘制"面板选择"外接多边形"，绘制边长为 18 的正六边形；"属性"选项板设置拉伸起点为"0"，拉伸终点为"20"；"模式"面板点"完成编辑模式 ✔"，如图 7.18 所示。

|（a）| （b）| （c）|

图 7.18

（3）"项目浏览器"切换至参照标高，启用"创建"——"空心形状"——"空心拉伸"工具，"绘制"面板选择"圆形"，绘制半径为 10 的圆形；"属性"选项板设置拉伸起点为"0"，拉伸终点为"20"；"模式"面板点"完成编辑模式 ✔"，如图 7.19 所示。

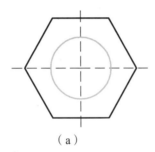

|（a）| （b）|

图 7.19

<h1 style="text-align:center">任务三　融合体</h1>

一、任务内容

运用 Revit 软件创建融合体：混凝土柱。

二、学习目标

BIM 建族——融合体讲解

（1）掌握融合的应用；
（2）具备创建融合体应用的能力；
（3）提高学生分析问题、解决问题的能力。

三、任务步骤

【**实例 2**】图 7.20 所示为某组合型体——混凝土构造柱的立面图，请按照图示尺寸创建混凝土柱实体模型。

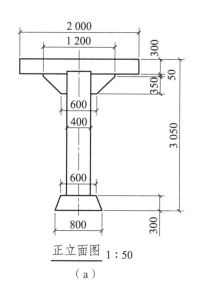

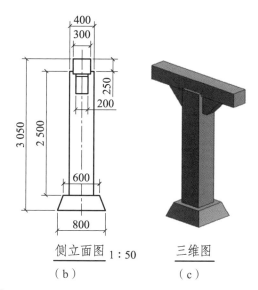

正立面图 1:50

（a）

侧立面图 1:50

（b）

三维图

（c）

图 7.20

步骤提示：

（1）新建族文件，选择"公制常规模型"。

（2）承台：

"项目浏览器"切换至平面视图，启用"创建"——"融合"工具，"绘制"面板选择"外接多边形"，"选项栏"设置"边"为 4，以参照线十字交点为中心绘制 800×800 的正方形；"模式"面板选择"编辑顶部"；"绘制"面板选择"外接多边形"，绘制 600×600 的正方形；"属性"选项板设置拉伸起点为"0"，拉伸终点为"300"；"模式"面板点"完成编辑模式 ✔"，如图 7.21 所示。

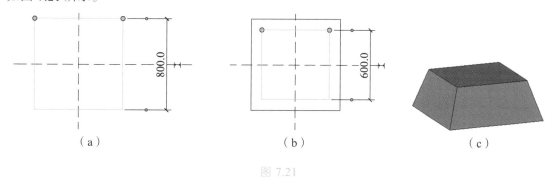

（a）

（b）

（c）

图 7.21

（3）柱：

"项目浏览器"选平面视图，启用"拉伸"工具，"绘制"面板选择"外接多边形"，"选项栏"设置"边"为 4，以参照线十字交点为中心绘制 400×400 的正方形；"属性"选项板设置拉伸起点为"300"，拉伸终点为"2800"；"模式"面板点"完成编辑模式 ✔"，如图 7.22 所示。

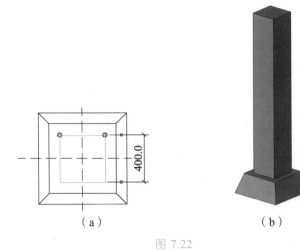

（a）　　　　　　　　　　　　（b）

图 7.22

（4）翼缘：

"项目浏览器"切换至前视图——启用"拉伸"工具，"绘制"面板选择"直线"，按图示尺寸绘制翼缘截面图；"属性"选项板设置拉伸起点为"100"，拉伸终点为"−100"；"模式"面板点"完成编辑模式 ✔"；"几何图形"面板选择"连接-连接几何图形"，连接柱和翼缘，如图 7.23 所示。

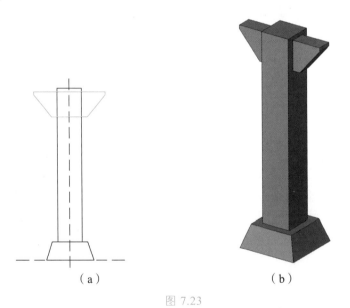

（a）　　　　　　　　　　　　（b）

图 7.23

（5）梁：

"项目浏览器"切换至左视图，启用"拉伸"工具，"绘制"面板选择"矩形"，绘制梁的横断面轮廓图，尺寸为 300×300，如图 7.24（a）所示；"属性"选项板设置拉伸起点为"1000"，拉伸终点为"−1000"；"模式"面板点"完成编辑模式 ✔"；"修改"面板选择"镜像-拾取轴"，镜像出另一边的台阶；"几何图形"面板选择"连接-连接几何图形"，连接梁和底部结构。完成效果如图 7.24（b）所示。

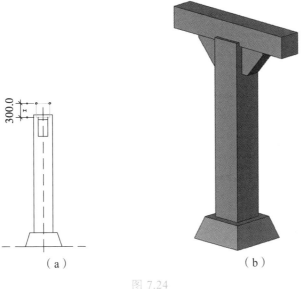

（a）　　　　　　　（b）

图 7.24

四、任务总结

本次课主要学习了 BIM 建族——融合体的创建，以实例混凝土柱模型为基础讲解了具体操作步骤，同学们需多加练习，以培养自主学习的能力。

拓展笔记

1. 单选题

（1）控制族图元显示的最常用的方法是（　　）。

　　A. 经过控件控制　　　　　　　　　　B. 族图元没法控制显示

　　C. 族图元可见性设置　　　　　　　　D. 设置条件参数控制图元显示

（2）平时状况下对族文件管理时，一级根目录是参照什么分类的?（　　）

　　A. 族种类　　　　B. 族类型　　　　C. 族的用途　　　　D. 族的形式

（3）混凝土柱模型创建中哪个组成部分运用了融合?（　　）

　　A. 承台　　　　B. 柱　　　　C. 翼缘　　　　D. 梁

（4）混凝土柱模型创建中，翼缘部分运用的是（　　）完成。

　　A. 拉伸　　　　B. 融合　　　　C. 放样　　　　D. 旋转

（5）以下哪个是族样板的特征?（　　）

　　A. 系统参数　　　　　　　　　　　　B. 文字提示

　　C. 常用视图和参照平面　　　　　　　D. 族类型和族参数

（6）Revit 中，以下哪种模式不属于视图显示模式?（　　）

　　A. 线框　　　　B. 隐藏线　　　　C. 着色　　　　D. 渲染

2. 判断题

（1）在 Revit 中，融合三维模型的深度是在"属性"框中，设置融合属性：通过在"约束"中输入"第二端点"和"第一端点"的值确定的。（　　）

（2）混凝土柱创建中梁只可以在左视图中绘制矩形，然后进行拉伸。（　　）

（3）融合命令可以将两个平行端面上的不同形状（轮廓）进行融合建模，从起始形状融合到最终形状。（　　）

3. 操作题

根据图 7.25 给定尺寸，创建过滤器模型，材质为不锈钢，并将模型以"过滤器"进行保存。

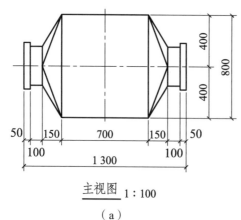

主视图 1∶100

（a）

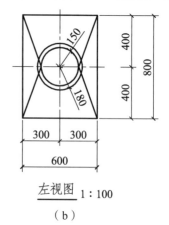

左视图 1∶100

（b）

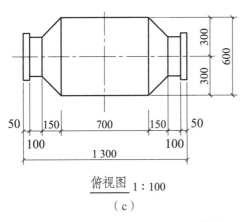

俯视图 1 : 100

（c）

图 7.25

参考答案：

1. 单选题

（1）C　　（2）B　　　（3）A　　（4）A　　（5）B　　　（6）D

2. 判断题

（1）√　　（2）×　　（3）√

3. 操作题

操作提示：

（1）新建族文件，选择"公制常规模型"。

（2）"项目浏览器"切换至左立面视图，启用"创建"——"拉伸"工具，"绘制"面板选择"矩形"，绘制 600×800 的矩形，并将其移动至参照平面中心；"属性"选项板设置拉伸起点为"－350"，拉伸终点为"350"；"模式"面板点"完成编辑模式 ✔"，如图 7.26 所示。

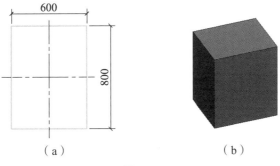

图 7.26

（3）"项目浏览器"切换至左立面视图，启用"创建"——"融合"工具，"绘制"面板选择"矩形"，绘制 600×800 的矩形；"模式"面板选择"编辑顶部"；"绘制"面板选择"圆形"，绘制半径为 150 的圆形；"属性"选项板设置第一端点为"350"，第二端点为"500"；"模式"面板点"完成编辑模式 ✔"，如图 7.27 所示。

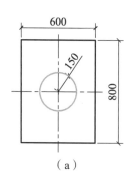

|（a）|（b）|（c）|

图 7.27

（4）"项目浏览器"切换至左立面视图，启用"创建"——"拉伸"工具，"绘制"面板选择"圆形"，绘制半径为 150 的圆形；"属性"选项板设置拉伸起点为"500"，拉伸终点为"600"；"模式"面板点"完成编辑模式 ✔"。启用"创建"——"拉伸"工具，"绘制"面板选择"圆形"，绘制半径为 180 的圆形；"属性"选项板设置拉伸起点为"600"，拉伸终点为"650"；"模式"面板点"完成编辑模式 ✔"，如图 7.28 所示。

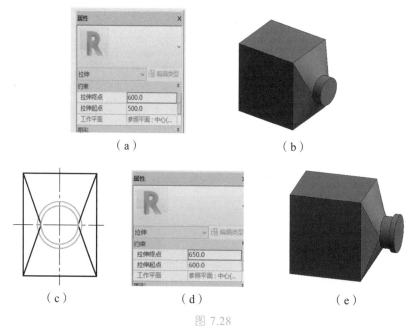

图 7.28

（5）"项目浏览器"切换至前立面视图，镜像另一部分，"几何图形"面板选择"连接"，连接各组成部分，并设置材质为不锈钢，如图 7.29 所示。

图 7.29

任务四　放样体

一、任务内容

运用 Revit 软件创建放样体：仿交通锥。

BIM 建族——放样体讲解

二、学习目标

（1）掌握放样的应用；
（2）具备创建放样体应用的能力；
（3）提高学生分析问题、解决问题的能力。

三、任务步骤

【实例 3】按照图 7.30 所给定的投影尺寸创建仿交通锥模型。

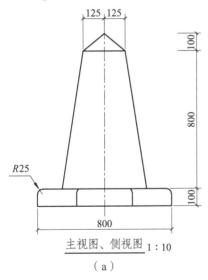

主视图、侧视图 1：10

（a）

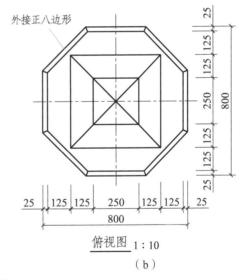

俯视图 1：10

（b）

（c）

图 7.30

步骤提示：

（1）新建族文件，选择"公制常规模型"。

（2）创建底座：

方法一：①"项目浏览器"切换至平面视图，启用"创建"——"放样"工具，"放样"面板点"绘制路径"，再在"绘制"面板选择"外接多边形"，"选项栏"设置"边"为 8，以参照线十字交点为中心，绘制半径为 400 的八边形作为放样路径；"模式"面板点"完成编辑模式 ✔"，如图 7.31 所示。

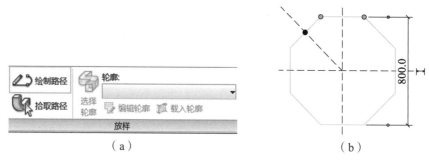

（a）　　　　　　　　　　　　　　（b）

图 7.31

②"放样"面板点"编辑轮廓"，如图 7.32（a）所示，在弹出的"转到视图"对话框中选择"三维视图"；"绘制"面板选择"直线"工具，绘制 100×400 的矩形，如图 7.32（b）所示；"绘制"面板选择"圆角弧"工具，在矩形左上角点绘制半径为 25 的圆角弧，如图 7.32（c）所示。

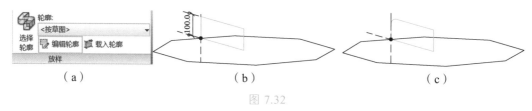

（a）　　　　　　　　　　（b）　　　　　　　　　　（c）

图 7.32

③ 连续点两次"完成编辑模式 ✔"，完成底座绘制，如图 7.33 所示。

图 7.33

方法二：①"项目浏览器"切换至平面视图，启用"创建"——"拉伸"工具，"绘制"面板选择"外接多边形"，"选项栏"设置"边"为 8，以参照线十字交点为中心，绘制半径为 400 的八边形；"属性"选项板设置拉伸起点为"0"，拉伸终点为"100"；"模式"面板点"完成编辑模式 ✔"，如图 7.34 所示。

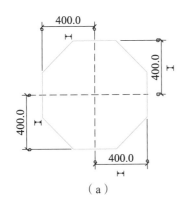

（a）

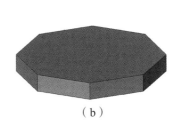

（b）

图 7.34

② 切出底座圆角弧："项目浏览器"切换至平面视图，启用"创建"——"空心放样"工具，"放样"面板点"绘制路径"，再在"绘制"面板选择"外接多边形"，"选项栏"设置"边"为 8，以参照线十字交点为中心，绘制半径为 400 的八边形作为放样路径；"模式"面板点"完成编辑模式 ✔"，如图 7.35 所示。

（a）

（b）

图 7.35

③ "放样"面板点"编辑轮廓"，在弹出的"转到视图"对话框中选择"三维视图"；"绘制"面板分别选择"直线"工具及"起点-终点-半径弧"工具，绘制空心放样轮廓，连续点两次"完成编辑模式 ✔"，完成底座绘制，如图 7.36 所示。

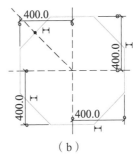

（a）

（b）

图 7.36

（3）创建锥身：

"项目浏览器"切换至平面视图，启用"创建"——"融合"工具，"绘制"面板选择"外接多边形"，"选项栏"设置"边"为 4，以参照线十字交点为中心，绘制半径为 250 的四边形；"模式"面板点"编辑顶部"；"绘制"面板选择"外接多边形"，"选项栏"设置"边"为

4，以参照线十字交点为中心，绘制半径为 125 的四边形；"属性"选项板设第一端点（底部轮廓）为 100，第二端点（顶部轮廓）为 900；"模式"面板点"完成编辑模式 ✔"，完成锥身绘制，如图 7.37 所示。

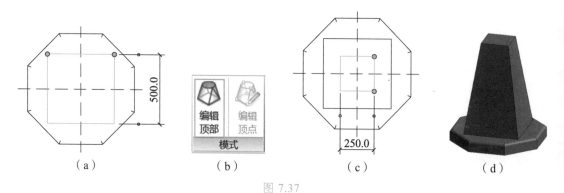

图 7.37

（4）创建锥顶：

①"项目浏览器"切换至平面视图，启用"创建"——"放样"工具，"放样"面板点"绘制路径"，再在"绘制"面板选择"矩形"，沿锥身顶部正方形绘制锥顶放样路径；"模式"面板点"完成编辑模式 ✔"，如图 7.38 所示。

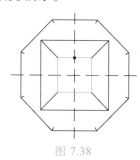

图 7.38

②"放样"面板点"编辑轮廓"，在弹出的"转到视图"对话框中选择"左或右视图"；"绘制"面板分别选择"直线"工具绘制放样轮廓，连续点两次"完成编辑模式 ✔"，完成锥顶绘制，如图 7.39 所示。

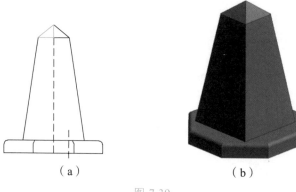

图 7.39

本次课主要学习了 BIM 建族——放样体的创建，以实例仿交通锥模型为基础讲解了具体操作步骤，同学们需多加练习，以培养自主学习的能力。

拓展笔记

_____

_____

_____

_____

_____

巩固练习

1. 单选题

（1）以下哪个是对"放样"建模方式的正确描述?（　　）

　　A. 用于创立需要绘制或应用轮廓且沿路径拉伸该轮廓的族的一种建模方式

　　B. 将两个平行平面上的不一样形状的端面进行交融的建模方式

　　C. 经过绘制一个关闭的拉伸端面并给一个拉伸高度进行建模的方法

　　D. 可创立出环绕一根轴旋转而成的几何图形的建模方法

（2）Revit 的基本特性是（　　）。

　　A. 族　　　　　　　　　　　　B. 参数化

　　C. 协同　　　　　　　　　　　D. 信息管理

（3）仿交通锥创建中锥顶运用的工具是（　　）。

　　A. 拉伸　　　　　　　　　　　B. 融合

　　C. 放样　　　　　　　　　　　D. 放样融合

2. 多选题

（1）Revit 中进行图元选择的方式有哪几种?（　　）

　　A. 按鼠标滚轮选择　　　　　　B. 按过滤器选择

　　C. 按 Tab 键选择　　　　　　　D. 单击选择

（2）Revit 软件中族文件的基本格式分为（　　　）。

A. rte 格式　　　　　B. rvt 格式　　　　　C. rft 格式　　　　　D. rfa 格式

3. 判断题

（1）在 Revit 中，放样是通过沿路径放样二维轮廓，可以创建三维形状，无须设置第一端点和第二端点。（　　）

（2）仿交通锥创建中运用放样的是底座和锥身。（　　）

（3）在 Revit 中，放样轮廓必须是闭合环。（　　）

4. 操作题

根据图 7.40 给定尺寸，运用拉伸和放样完成台阶创建，并以"台阶"为文件名进行保存。

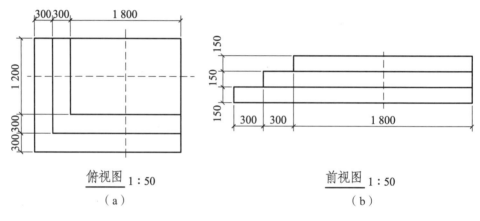

俯视图 1 ∶ 50
（a）

前视图 1 ∶ 50
（b）

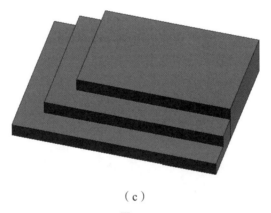

（c）

图 7.40

参考答案：

1. 单选题

（1）A　　（2）B　　（3）C

2. 多选题

（1）BDE　　（2）CD

3. 判断题

（1）√　　　（2）×　　　（3）√

4. 操作题

操作提示：

（1）新建族文件，选择"公制常规模型"。

（2）"项目浏览器"切换至参照标高，启用"创建"——"拉伸"工具，"绘制"面板选择"矩形"，绘制 1800×1200 的矩形；"属性"选项板设置拉伸起点为"0"，拉伸终点为"450"；"模式"面板点"完成编辑模式 ✅"，如图 7.41 所示。

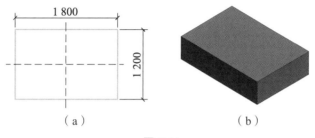

（a）　　　　　　　　　　　（b）

图 7.41

（3）"项目浏览器"切换至参照标高，启用"创建"——"放样"工具，"放样"面板点"绘制路径"，再在"绘制"面板选择"直线"，绘制图示路径；"模式"面板点"完成编辑模式 ✅"。"放样"面板选择"编辑轮廓"，在"转到视图"选择"立面：前"，点击打开视图，绘制台阶轮廓；"模式"面板点两次"完成编辑模式 ✅"，如图 7.42 所示。

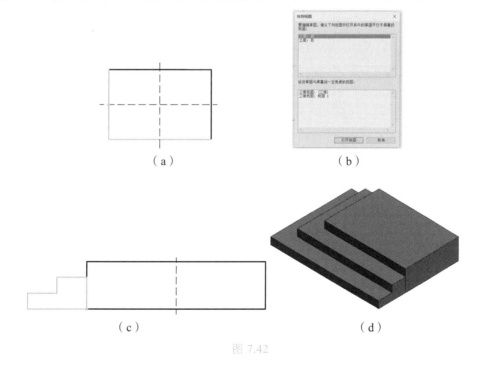

（a）　　　　　　　　　　　（b）

（c）　　　　　　　　　　　（d）

图 7.42

任务五 旋转体

一、任务内容

运用 Revit 软件创建旋转体：球形喷口。

BIM 建族——旋转体讲解

二、学习目标

（1）掌握旋转的应用；
（2）具备创建旋转体应用的能力；
（3）提高学生分析问题、解决问题的能力。

三、任务步骤

【实例 4】根据图 7.43 给定尺寸，创建球形喷口模型；要求尺寸准确，并对球形喷口材质设置为"不锈钢"。

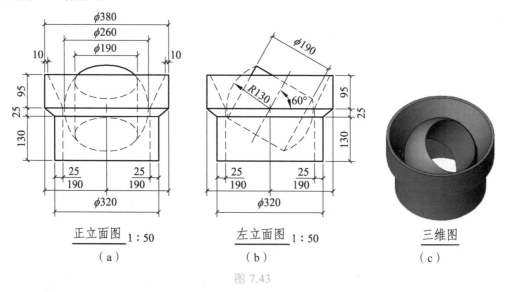

正立面图 1:50
（a）

左立面图 1:50
（b）

三维图
（c）

图 7.43

步骤提示：

（1）新建族文件，选择"公制常规模型"。

（2）创建外部管道口：

① "项目浏览器"切换前立面视图，启用"创建"——"旋转"工具，点击"边界线"；"绘制"面板选择"直线"工具，绘制如图 7.44 所示管道口轮廓。

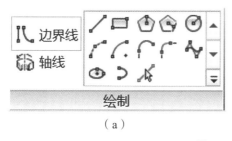
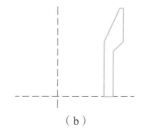

（a）　　　　　　　　　　　　　　　（b）

图 7.44

②　点击"轴线"，"属性"选项板设旋转起始角度为 0°，结束角度为 360°；"绘制"面板选择"拾取线"按钮，选择左右对称中心轴线；"模式"面板点"完成编辑模式 ✔"，如图 7.45 所示。

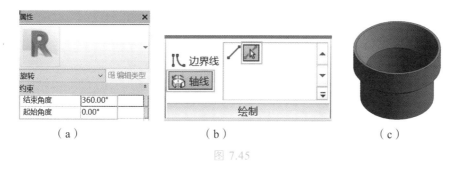

（a）　　　　　　　　（b）　　　　　　　　（c）

图 7.45

（3）创建内部喷口：

①　"项目浏览器"切换到左立面视图，启用"创建"——"旋转"工具，点击"边界线"，"绘制"面板选择"圆"工具，绘制半径 130 的圆；选择"直线"工具，"选项"栏设置偏移量为 95，绘制距对称中心 95 距离直线。用"修改"面板中的"修剪"工具修剪多余线条。

②　点击"轴线"，"属性"选项板设旋转起始角度为 0°，结束角度为 360°；"绘制"面板选择"拾取线"按钮，选择左右对称中心轴线；"模式"面板点"完成编辑模式 ✔"，如图 7.46 所示。

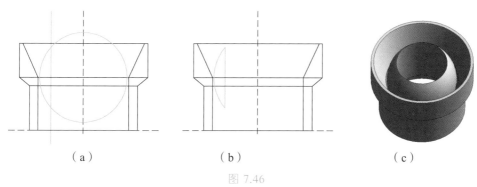

（a）　　　　　　　　　（b）　　　　　　　　（c）

图 7.46

（4）"项目浏览器"切换到左立面视图，选中刚创建的喷口，"修改"面板中选"旋转"工具，点击前后对称中心上侧作为起始旋转线，向右旋转 30°，完成球形喷口绘制，如图 7.47 所示。

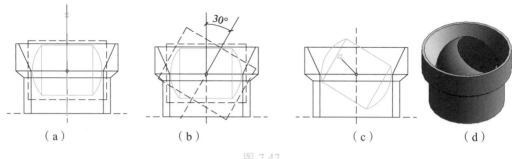

（a）　　　　　　　（b）　　　　　　　（c）　　　　　　　（d）

图 7.47

（5）设置材质：

① 选中球形喷口，"属性"选项板点材质后面的按钮，打开"材质浏览器"对话框，点"新建材质"按钮，新建材质，并重命名为"不锈钢"，如图 7.48 所示。

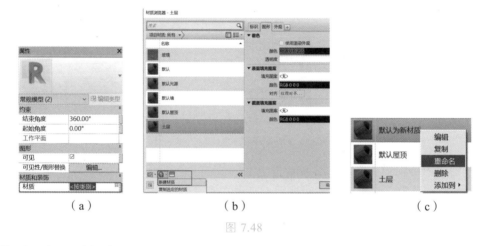

（a）　　　　　　　　（b）　　　　　　　　（c）

图 7.48

② 点"打开/关闭资源浏览器"按钮，打开"资源浏览器"对话框，在对话框中搜索"不锈钢"材质，选择一种不锈钢材质，点其后的按钮，进行加载，如图 7.49 所示。

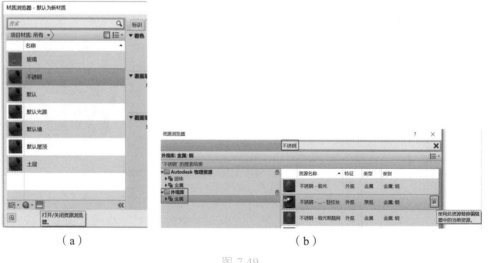

（a）　　　　　　　　　　　　　（b）

图 7.49

③ 在"材质浏览器"中选"使用外观渲染"，点"确定"完成材质设置，如图 7.50 所示。

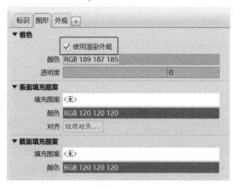

图 7.50

四、任务总结

本次课主要学习了 BIM 建族——旋转体的创建，以实例球形喷口模型为基础讲解了具体操作步骤，同学们需多加练习，以培养自主学习的能力。

拓展笔记

巩固练习

1. 单选题

（1）球形喷口的外部管道口旋转起始角度为 0°，结束角度为（　　）。

A. 90°　　　　　　　B. 180°　　　　　　C. 270°　　　　　　D. 360°

（2）要在项目中使用族，必须（　　）。

A. 先将族文件保存到指定位置　　　　B. 先将族文件命名

C. 将族文件载入到项目　　　　　　　D. 为族文件指定族类别

（3）以下哪个是族样板的特征?（　　）

    A. 系统参数　　　　　　　　　　　　B. 文字提示

    C. 常用视图和参照平面　　　　　　　D. 族类型和族参数

（4）族创建中，需要通过绕轴放样二维形状方法属于（　　）。

    A. 旋转　　　　　　B. 拉伸　　　　　　C. 融合　　　　　　D. 放样

2. 多选题

（1）以下关于样板文件分类正确的是（　　）。

    A. 基于主体的样板　　　　　　　　　B. 基于线的样板

    C. 基于面的样板　　　　　　　　　　D. 独立样板

（2）视图控制栏的操作命令中包含（　　）。

    A. 缩小两倍　　　　　　　　　　　　B. 缩放图纸大小

    C. 缩放匹配　　　　　　　　　　　　D. 区域放大

3. 判断题

（1）在 Revit 中，旋转时，要创建单个旋转，请绘制一个闭合环；要创建多个旋转，请绘制多个不相交的闭合环。（　　）

（2）在 Revit 中，修改要旋转的几何图形的起点和终点，请输入新的"起始角度"和"结束角度"。（　　）

（3）旋转设置旋转轴，在所需方向上指定轴的起点和终点。（　　）

4. 操作题

按照图 7.51 中尺寸创建储水箱模型，并将储水箱材质设置为"不锈钢"，并进行保存。

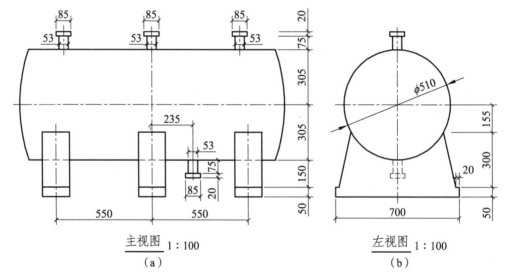

主视图 1:100
(a)

左视图 1:100
(b)

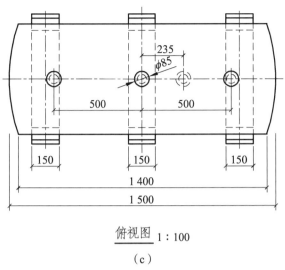

235
φ85
500 500
150 150 150
1 400
1 500

俯视图 1:100

（c）

图 7.51

参考答案：

1. 单选题

（1）D　（2）C　　（3）C　　（4）A

2. 多选题

（1）ABCD　　（2）ABCD

3. 判断题

（1）√　　（2）√　　（3）√

4. 操作题

操作提示：

（1）新建族文件，选择"公制常规模型"。

（2）"项目浏览器"切换至前立面视图，创建参照平面，距参照标高505，启用"创建"——"旋转"工具，点击"边界线"，"绘制"面板选择"直线""起点-终点-半径弧"工具，运用修剪工具完成箱体1/4轮廓，并进行镜像；然后点击"轴线"，"绘制"面板选择"拾取线"按钮，选择创建的参照平面；"属性"选项板设旋转起始角度为0°，结束角度为360°；"模式"面板点"完成编辑模式 ✔"，如图7.52所示。

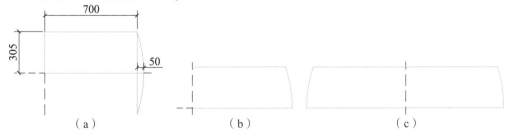

700
305
50

（a）　　　　　（b）　　　　　（c）

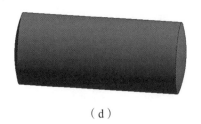

（d）

图 7.52

（3）"项目浏览器"切换至左立面视图，启用"创建"——"拉伸"工具，绘制图示轮廓。"属性"选项板设置拉伸起点为"－75"，拉伸终点为"75"；"模式"面板点"完成编辑模式 ✔"，然后切换至前立面视图，选中中间支撑进行复制、镜像，间距 550，如图 7.53 所示。

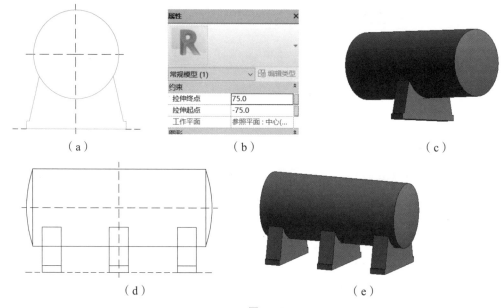

（a）　　　　　　　（b）　　　　　　　（c）

（d）　　　　　　　（e）

图 7.53

（4）"项目浏览器"切换至参照标高，启用"创建"——"拉伸"工具，"绘制"面板选择"圆形"，绘制半径 26.5 的圆；"属性"选项板设置拉伸起点为"810"，拉伸终点为"885"；"模式"面板点"完成编辑模式 ✔"。然后绘制半径 42.5 的圆；"属性"选项板设置拉伸起点为"885"，拉伸终点为"905"；"模式"面板点"完成编辑模式 ✔"，如图 7.54 所示。最后进行复制、镜像、连接，并设置材质为"不锈钢"。

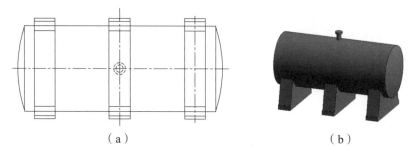

（a）　　　　　　　　　　　（b）

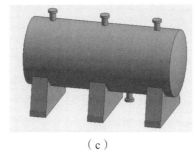

（c）

图 7.54

任务六　放样融合体

一、任务内容

运用 Revit 软件创建放样融合体：弹簧减震器。

BIM 建族——放样融合体讲解

二、学习目标

（1）掌握放样融合的应用；
（2）具备创建放样融合体应用的能力；
（3）提高学生分析问题、解决问题的能力。

三、任务步骤

【实例 5】根据图 7.55 所示要求和给定图纸创建弹簧减震器模型，材质为"铁-05"。

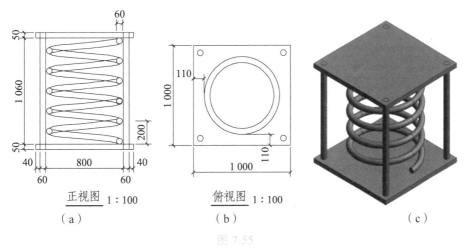

正视图 1:100

（a）

俯视图 1:100

（b）

（c）

图 7.55

步骤提示：

（1）新建族文件，选择"公制常规模型"。

（2）绘制弹簧：

①"项目浏览器"切换平面视图，启用"创建"——"放样融合"工具，选择"绘制路径"，"绘制"面板选择"圆心端点弧"，绘制半径为 390 的半圆作为放样融合路径；"模式"面板点"完成编辑模式 ✔"，如图 7.56 所示。

图 7.56

② 选择轮廓 1，点"编辑轮廓"，在弹出的"转到视图"对话框选择"立面：前"，点"打开视图"；"绘制"面板选择"圆"工具，绘制半径为 30 的圆；"模式"面板点"完成编辑模式 ✔"，如图 7.57 所示。

图 7.57

③ 选择轮廓 2，点"编辑轮廓"，在弹出的"转到视图"对话框选择"立面：前"，点"打开视图"；"绘制"面板选择"圆"工具，在基准点以上 100 的位置绘制半径为 30 的圆；"模式"面板连续点两次"完成编辑模式 ✔"。轮廓如图 7.58（a）所示，完成效果如图 7.58（b）所示。

图 7.58

④"项目浏览器"切换平面视图，选中绘制的放样融合体，"修改"面板选择"旋转"工具，勾选选项栏"复制"选项，角度设置为 180°，按"空格键"，选择十字中心点作为旋转基准点，将之前创建出的放样融合体复制并旋转 180°，之后将旋转复制出的放样融合体移动至如图 7.59 所示。

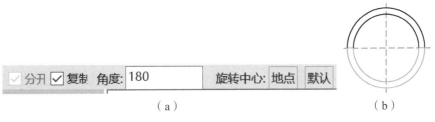

（a）

（b）

图 7.59

⑤"项目浏览器"切换至前立面视图，"修改"面板选择"移动"工具，将下面的放样融合体向上移动 100。再选中一组对象，向上移动 80 mm。"修改"面板选择"复制"工具，勾选选项栏"多个"选项，连续向上复制四组弹簧，如图 7.60 所示。

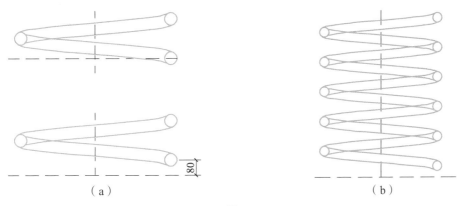

（a）

（b）

图 7.60

（3）创建弹簧减震器上下底座：

"项目浏览器"切换至平面视图，启用"拉伸"工具，"绘制"面板选择"外接多边形"工具，"选项栏"设置边为 4，以参照线交点为中心，绘制 1 000×1 000 的正方形；"属性"选项板设置拉伸起点为 0，终点为 50；"模式"面板点"完成编辑模式 ✔"，切换至"立面-前"视图，利用"修改"面板中的"复制"工具将下底座向上复制 1 110，形成上底座，如图 7.61 所示。

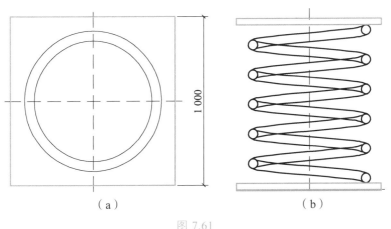

（a）

（b）

图 7.61

203

（4）连接杆：

"项目浏览器"切换至平面视图，启用"拉伸"工具，在左下交点"绘制"面板选择"圆形"工具，绘制半径为 30 mm 的圆；"属性"选项板设置拉伸起点为 0，拉伸终点为 1160 mm；"模式"面板点"完成编辑模式 ✔"；"修改"面板选择"镜像"工具，镜像其余三根连接杆。完成效果如图 7.62 所示。

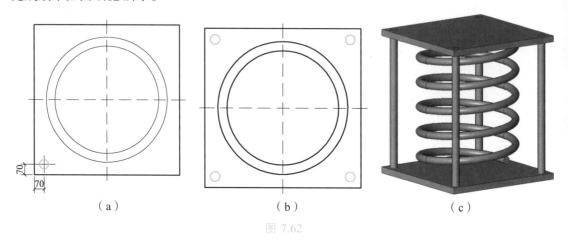

（a） （b） （c）

图 7.62

（5）添加材质：

① 选中弹簧减震器，"属性"选项板点材质后面的按钮，打开"材质浏览器"对话框，点"新建材质"按钮，新建材质，并重命名为"铁-05"。

② 点"打开/关闭资源浏览器"按钮，打开"资源浏览器"对话框，在对话框中搜索"铁"材质，选择一种铁材质，点其后的按钮，进行加载。

③ 在"材质浏览器"中选"使用外观渲染"，点"确定"，完成材质设置，如图 7.63 所示。

图 7.63

四、任务总结

本次课主要学习了 BIM 建族——放样融合体的创建，以实例弹簧减震器模型为基础讲解了具体操作步骤，同学们需多加练习，以培养自主学习的能力。

拓展笔记

巩固练习

1. **单选题**

（1）支持 Revit 导入导出快捷键的文件格式是（　　）。

  A. txt   B. xml   C. ifc   D. csv

（2）下列哪种方式不能打开视图的"图形显示选项"？（　　）

  A. 单击视图控制栏中的【视觉样式】-【图形显示】

  B. 单击视图"属性"栏中的【图形显示选项】

  C. 单击【视图】选项卡中的图形栏的小三角

  D. 单击【项目浏览器】-【选项】-【渲染】

（3）在弹簧减震器模型创建过程中，运用放样融合完成的是（　　）。

  A. 弹簧   B. 上底座   C. 下底座   D. 连接杆

（4）Revit 视图"属性"面板"规程"参数中不包含的类型是（　　）。

  A. 建筑   B. 结构   C. 电气   D. 暖通

（5）在弹簧减震器模型创建过程中，连接杆创建运用的命令是（　　）。

  A. 拉伸   B. 旋转   C. 放样   D. 融合

（6）旋转建筑构件时，使用旋转命令的哪个选项使原始对象保持在原来位置不变，旋转的只是副本？（　　）

  A. 分开   B. 角度   C. 复制   D. 以上都不是

2. 判断题

（1）在 Revit 中，运用放样融合创建模型时，路径只能有一段。（　　）

（2）在 Revit 中，运用放样融合创建模型时，如果显示"进入视图"对话框，则选择要从中绘制该轮廓的视图，然后单击"确定"。（　　）

（3）在 Revit 中，只能单击绘制路径为放样融合绘制路径。（　　）

（4）族的创建中，需要有两个轮廓才能创建出模型的是融合和放样融合。（　　）

3. 操作题

根据图 7.64 给定尺寸，创建以下户外小品模型，球体为实心体，半径为150，未标明尺寸不作要求。

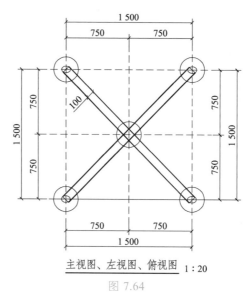

主视图、左视图、俯视图　1：20

图 7.64

参考答案：

1. 单选题

（1）B　　（2）D　　（3）A　　（4）D　　（5）A　　（6）C

2. 判断题

（1）√　　（2）√　　（3）×　　（4）√

3. 操作题

操作提示：

（1）新建族文件，选择"公制常规模型"。

（2）"项目浏览器"依次切换至参照标高和前立面视图，创建参照平面，偏移距离750，启用"创建"——"旋转"工具，点击"边界线"，"绘制"面板选择"圆心-端点弧""直线"工具，绘制半径为150的半圆；然后点击"轴线"，"绘制"面板选择"拾取线"按钮，选择创建的参照平面；"属性"选项板设旋转起始角度为0°，结束角度为360°；"模式"面板点"完成编辑模式 ✔"。最后在参照平面和前立面对其进行复制，如图 7.65 所示。

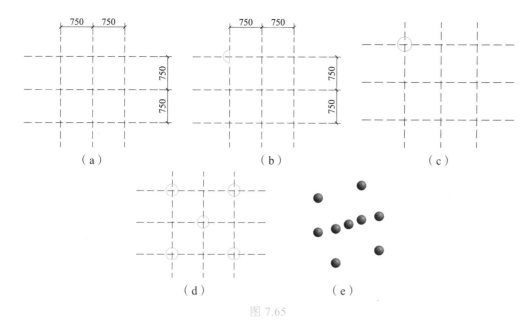

图 7.65

（3）"项目浏览器"切换至参照标高，启用"创建"——"放样融合"工具，"放样融合"面板点"绘制路径"，绘制图7.66所示路径；"模式"面板点"完成编辑模式 ✔"。"放样融合"面板点"编辑轮廓"，"转到视图"选择"立面：前"，绘制半径50的圆，"模式"面板点"完成编辑模式 ✔"。选择轮廓2，绘制半径50的圆，"模式"面板点"完成编辑模式 ✔"两次，然后对其进行旋转，并在选项栏勾选复制，如图7.66所示。

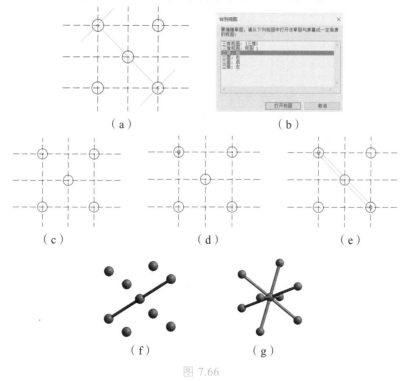

图 7.66

任务七　参数化建族

BIM 建族——参数化建族

一、任务内容

运用 Revit 软件创建参数化族：窗。

二、学习目标

（1）掌握参数化建族的方法和步骤；
（2）具备创建参数化建族的能力；
（3）提高学生分析问题、解决问题的能力。

三、任务步骤

【**实例 6**】请用基于墙的公制常规模型族模板，创建符合图 7.67 所示图纸要求的窗族，各尺寸通过参数控制，该窗窗框断面尺寸为 60 mm×60 mm，窗扇边框断面尺寸为 40 mm×40 mm，玻璃厚度为 6 mm，墙、窗框、窗扇边框、玻璃全部中心对齐，并设置窗框及窗扇材质为"木材"，玻璃材质为"玻璃"。

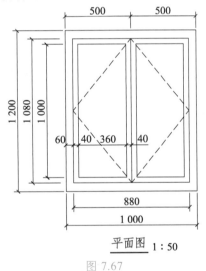

平面图 1：50

图 7.67

步骤提示：

（1）新建族文件，选择"基于墙的公制常规模型"。

（2）"项目浏览器"切换至"放置边"立面视图。

（3）使用"参照平面"绘制窗户洞口参照平面，"注释"选项卡选择"对齐"尺寸标注，对相应尺寸进行标注，如图 7.68 所示。

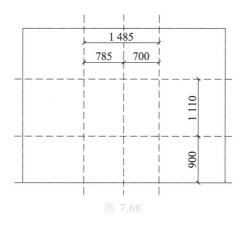

图 7.68

注意：此步骤的参照线间距可以任意绘制。

（4）创建并关联"宽度""高度"参数：

① 选择标注的两个连续标注尺寸，点"EQ"，使左右两条参照线以竖向中心线为中心左右均匀分布，如图 7.69 所示。

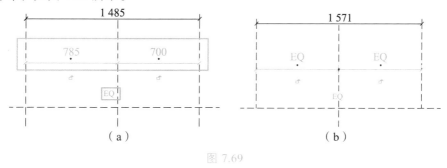

（a） （b）

图 7.69

② 选择宽度标注尺寸，在功能区出现的"标签尺寸标注"选项板中点"创建参数按钮"，在弹出的"参数属性"对话框中，名称：输入"宽度"，选择"实例"，点"确定"。用同样的方法添加高度参数。选中 900 注释尺寸，点击旁边的锁，将其锁定，如图 7.70 所示。

（a） （b） （c）

图 7.70

③"属性"面板点"族类型"按钮，在弹出的"族类型"对话框中修改宽度值为1000，高度值为1200，检查参数是否会联动，如图7.71所示。

（a）　　　　　　　　　　（b）　　　　　　　　　　（c）

图 7.71

（5）创建洞口：

启用创建——模型——洞口工具，使用矩形绘制工具，沿参照平面绘制洞口轮廓，"模式"面板点"完成编辑模式 ✅"，完成窗洞口修剪，如图7.72所示。

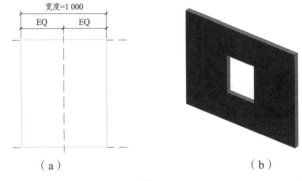

（a）　　　　　　　　　　　　　（b）

图 7.72

（6）创建窗框：

启用"创建"——"拉伸"工具，"绘制"面板选择"矩形"，沿窗洞口绘制窗框边界线；"属性"选项板设置拉伸起点为"30"，拉伸终点为"－30"；"模式"面板点"完成编辑模式 ✅"，完成窗框绘制，如图7.73所示。选中窗框，设置材质为"木材"。

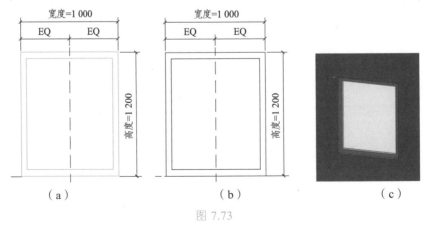

（a）　　　　　　　　　　（b）　　　　　　　　　　（c）

图 7.73

（7）创建窗扇：

启用"创建"——"拉伸"工具，"绘制"面板选择"矩形"，沿窗框绘制窗扇边界线；"属性"选项板设置拉伸起点为"20"，拉伸终点为"－20"，点"完成编辑模式 ✔"，如图7.74所示。选中窗扇，设置材质为"木材"。

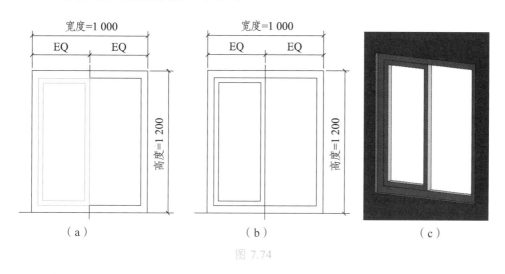

图 7.74

（8）创建玻璃：

启用"创建"——"拉伸"工具，"绘制"面板选择"矩形"，在窗扇内绘制玻璃边界线；"属性"选项板设置拉伸起点为"3"，拉伸终点为"－3"，点"完成编辑模式 ✔"，如图7.75所示。选中玻璃，设置材质为"玻璃"。

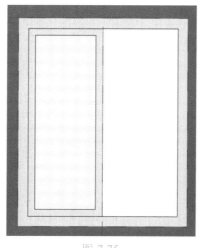

图 7.75

（9）选中窗扇及玻璃，启用"修改"——"镜像-拾取轴"工具，镜像出另一窗扇及玻璃，完成窗户绘制，如图7.76所示。

（a）   （b）

图 7.76

四、任务总结

本次课主要学习了 BIM 建族——参数化族的创建，以实例窗模型为基础讲解了具体操作步骤，同学们需多加练习，以培养自主学习的能力。

拓展笔记

_____

_____

_____

_____

_____

巩固练习

1. 单选题

（1）以下哪个是系统族?（　　）

　　A. 天花板　　　　　B. 家具　　　　　C. 墙下条形基础　D. RPC

（2）门窗、卫浴等设备都是 Revit 的"族"，关于"族"类型，以下分类正确的是（　　）。

　　A. 系统族、内建族、可载入族　　　　B. 内建族、外部族

　　C. 内建族、可载入族　　　　　　　　D. 系统族、外部族

（3）运用 Revit 创建模型时，参照平面的快捷键是（　　）。

　　A. CO　　　　　　　　B. MV　　　　　　　　C. RP　　　　　　　　D. RO

（4）在窗模型创建过程中，选择的样板文件为（　　）。

　　A. 公制常规模型　　　　　　　　B. 基于墙的公制常规模型

　　C. 公制窗　　　　　　　　　　　D. 公制轮廓

（5）以下哪个不是创建族的工具?（　　）

　　A. 扭转　　　　　　B. 融合　　　　　　C. 旋转　　　　　　D. 放样

（6）Revit 模型线宽可以定义哪些对象的线宽?（　　）

　　A. 门　　　　　　　B. 窗　　　　　　　C. 尺寸标注　　　　D. A 和 B 均可

2. 判断题

（1）窗模型创建中，选择标注的两个连续标注尺寸，点"EQ",作用是使左右两条参照线以竖向中心线为中心左右均匀分布。（　　）

（2）图形比例可以自定义输入任意比例值。（　　）

（3）建族时添加的控件在族和项目中均能发生作用。（　　）

3. 操作题

运用参数化建族创建 T 梁模型，T 梁截面如图 7.77（a）所示，T 梁跨度 30 m。建好后的模型如图 7.77（b）所示，参数设置如图 7.77（c）所示。

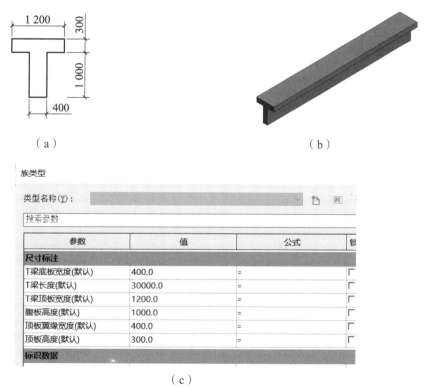

（a）　　　　　　　　　　　　　　　　　　（b）

（c）

图 7.77

参考答案：

1. 单选题

（1）A　　（2）A　　（3）C　　（4）B　　（5）A　　（6）D

2. 判断题

（1）√　　（2）√　　（3）×

3. 操作题

操作提示：

（1）新建族文件，选择"公制常规模型"。

（2）选择模型线及项目浏览器的左立面视图，然后开始画 T 梁轮廓线，这里的 T 梁轮廓线随意画，如图 7.78（a）所示，最后在创建里选择参照平面，在 T 梁的如图 7.78（b）所示的几个位置画参照平面。

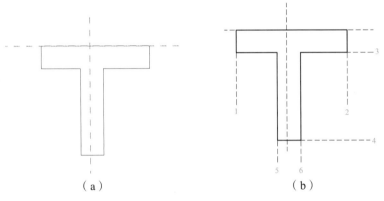

图 7.78

（3）在注释里选择对齐选项，然后开始注释。点击图 7.79（a）中的 EQ 按钮，并且再加两条注释线，如图 7.79（b）所示。

注意：这里的尺寸数值不重要。

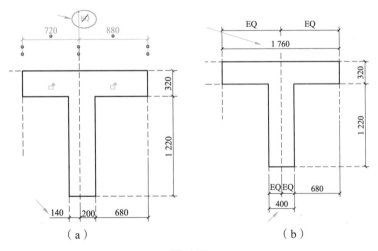

图 7.79

（4）点击尺寸线，然后点击标签，选择添加参数，弹出如图 7.80（a）所示对话框。然后依次添加参数，如图 7.80（b）所示。

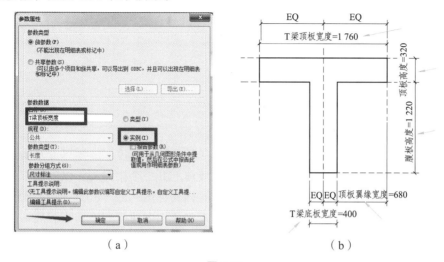

（a）　　　　　　　　　　　　　　（b）

图 7.80

（5）点创建中的拉伸选项，然后画 T 梁。画完后，"模式"面板点"完成编辑模式 ✔"，如图 7.81（a）所示。最后点击三维视图，增加 T 梁长度参数，如图 7.81（b）所示。

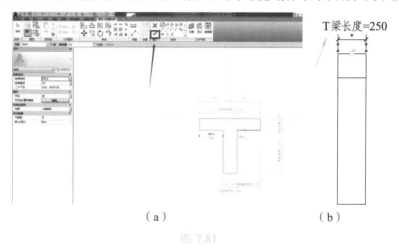

（a）　　　　　　　　　　　　　　（b）

图 7.81

任务八　内建族

一、任务内容

运用 Revit 软件创建内建族：拱门墙。

BIM 建族——内建族

（1）掌握内建族的方法和步骤；

（2）具备创建内建族的能力；

（3）提高学生分析问题、解决问题的能力。

【**实例 7**】绘制图 7.82（a）所示墙体，墙体类型、墙体高度、墙体厚度及墙体长度自定义，材质为灰色普通砖，并参照图中标注尺寸在墙体上开一个拱门洞。以内建常规模型的方式沿洞口生成装饰门框，门框轮廓材质为樱桃木，样式见图 7.82（b）1—1 剖面图。

要求：（1）绘制墙体，完成洞口创建；（2）正确使用内建模型工具绘制装饰门框。

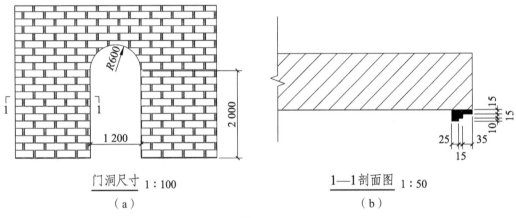

门洞尺寸 1∶100

（a）

1—1剖面图 1∶50

（b）

图 7.82

步骤提示：

（1）新建项目文件：新建——项目——建筑样板，"项目浏览器"切换至立面视图，设置标高 2 为 4.000 左右，如图 7.83 所示。

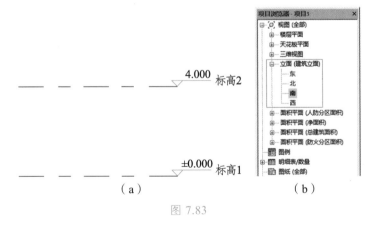

4.000 ⎯ 标高2

±0.000 ⎯ 标高1

（a）

（b）

图 7.83

（2）绘制墙：

① 切换至平面视图标高 1，"建筑"选项卡，"构建"面板点墙旁边的下拉三角，选择墙：建筑。"属性"栏，设置"顶部约束"为："直到标高：标高 2"。点"编辑类型"，打开"类型属性"对话框，"结构"选项点"编辑"按钮，打开"编辑部件"对话框，点击"材质"列表"按类别"后的按钮，将材质设置为灰色普通砖，在绘图区域绘制一段墙，如图 7.84 所示。

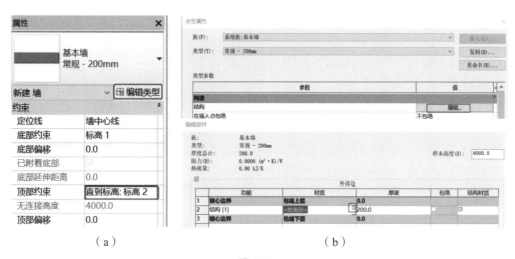

（a）　　　　　　　　　　　　　（b）

图 7.84

② "项目浏览器"切换至南立面视图，选中墙体，"模式"面板选择"编辑轮廓"，分别使用"直线""起点-终点-半径弧"绘制工具及"拆分图元"等修改工具，创建拱门线，"模式"面板点"完成编辑模式 ✔"，如图 7.85 所示。

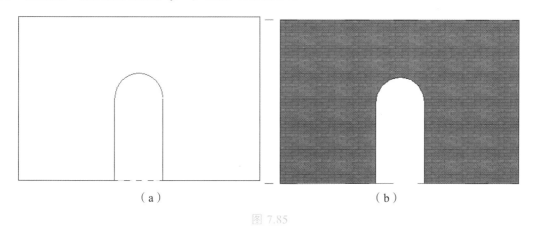

（a）　　　　　　　　　　　　　（b）

图 7.85

（3）绘制装饰门框：

① "建筑"选项卡，选择"构件"下拉选项"内建模型"，在打开的"族类别和族参数"对话框下选择"常规模型"，并命名为"装饰门框"，如图 7.86 所示。

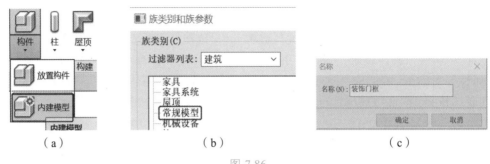

（a）　　　　　　　　　　（b）　　　　　　　　　　（c）

图 7.86

② "项目浏览器"切换至标高 1 平面视图，启用"创建"——"放样"工具，在"工作平面"面板选"设置"工具，在弹出的"工作平面"对话框选择"拾取一个平面"，点"确定"，在墙的下边线选取一点，在弹出的"转到视图"，选择南立面视图；"放样"面板点"拾取路径"，沿拱门线拾取装饰门框路径，"模式"面板点"完成编辑模式 ✔"；"放样"面板点"编辑轮廓"，在弹出的"转到视图"对话框中选择"楼层平面：标高 1"；"绘制"面板选择"直线"工具，绘制装饰门框断面；"模式"面板点"完成编辑模式 ✔"，如图 7.87 所示。

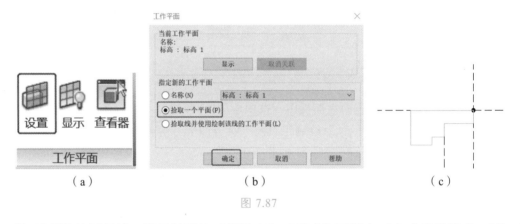

（a）　　　　　　　　　　（b）　　　　　　　　　　（c）

图 7.87

③ 选择装饰门框线，设置材质为"樱桃木"，"模式"面板点"完成编辑模式 ✔"，最后效果如图 7.88 所示。

图 7.88

218

四、任务总结

本次课主要学习了 BIM 建族——内建族的创建，以实例拱门墙模型为基础讲解了具体操作步骤，同学们需多加练习，以培养自主学习的能力。

拓展笔记

巩固练习

1. 单选题

（1）拱门墙创建时，新建项目选择的样板文件是（　　　）。

    A. 构造样板　　　　　B. 建筑样板　　　　C. 结构样板　　　　D. 机械样板

（2）不属于"修剪/延伸"命令中选项的是（　　　）。

    A. 修剪或延伸为角　　　　　　　　　B. 修剪或延伸为线

    C. 修剪或延伸一个图元　　　　　　　D. 修剪或延伸多个图元

（3）"实心放样"命令的用法，错误的是（　　　）。

    A. 必须指定轮廓和放样路径　　　　　B. 路径可以是样条曲线

    C. 轮廓可以是不封闭的线段　　　　　D. 路径可以是不封闭的线段

（4）视图详细程度不包括（　　　）。

    A. 精细　　　　　　　B. 粗略　　　　　　C. 中等　　　　　　D. 一般

（5）如何将临时尺寸标注更改为永久尺寸标注？（　　　）

    A. 单击尺寸标注附近的尺寸标注符号　B. 双击临时的尺寸符号

    C. 锁定　　　　　　　　　　　　　　D. 无法互相更改

（6）标高命令可用于（　　　）。

    A. 平面图　　　　　　B. 立面图　　　　　C. 透视图　　　　　D. 以上都可

2. 判断题

（1）内建族只能在项目文件中建模，并只能在本项目中使用。（　　）

（2）实心与空心的创建方式相同，均有4种创建方式。（　　）

（3）在楼层平面视图下，视图控制栏可以显示渲染按钮。（　　）

3. 操作题

根据图7.89中给定的轮廓与路径，创建内建构件模型，并以"柱顶饰条"为文件名进行保存。

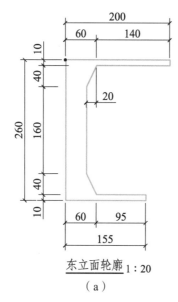
东立面轮廓 1∶20
（a）

平面路径 1∶20
（b）

图 7.89

参考答案：

1. 单选题

（1）B　　（2）B　　　（3）C　　（4）D　　（5）A　　（6）B

2. 判断题

（1）×　　（2）×　　（3）×

3. 操作题

操作提示：

（1）新建项目文件，选择"建筑样板"，选择结构——构件——内建模型——常规模型，命名为柱顶饰条。

（2）"项目浏览器"切换至参照标高，启用"创建"——"放样"工具，"放样"面板点"绘制路径"，再在"绘制"面板选择"矩形"，绘制600×600的矩形作为放样路径；"模式"面板点"完成编辑模式 ✔"，如图7.90所示。

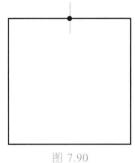

图 7.90

（3）"放样"面板选择"编辑轮廓"，在"转到视图"选择"立面：东"，点击打开视图，如图 7.91（a）所示，绘制图 7.91（b）所示轮廓，"模式"面板点两次"完成编辑模式 ✔"，点"完成模型 ✔"，如图 7.91（c）所示。

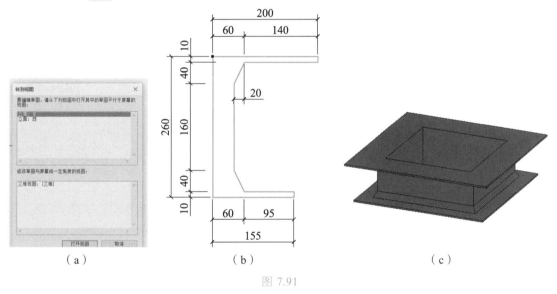

（a）   （b）   （c）

图 7.91

任务一　体量楼层

一、任务内容

运用 Revit 软件绘制体量楼层。

体量楼层

二、学习目标

（1）掌握 Revit 软件创建标高的方法；
（2）掌握 Revit 软件创建内建体量的方法；
（3）掌握 Revit 软件体量中创建幕墙系统、屋顶、墙、楼板的方法；
（4）培养学生规范绘图的职业习惯。

三、任务步骤

【实例 1】创建下图模型：（1）面墙为厚度 200 mm 的"常规-200 mm 厚面墙"，定位线为"核心层中心线"；（2）幕墙系统为网格布局 600 mm×1 000 mm（即横向网格间距为 600 mm，竖向网格间距为 1 000 mm），网格上均设置竖梃，竖梃均为圆形，竖梃半径 50 mm；（3）屋顶为厚度 400 mm 的"常规-400 mm"屋顶；（4）楼板为厚度 150 mm 的"常规-150 mm"楼板，标高 1 至标高 6 上均设置楼板，如图 8.1 ~ 8.3 所示。

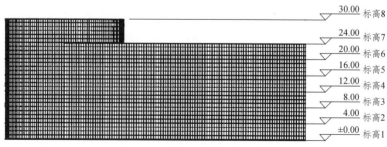

南立面图 1 : 500

图 8.1

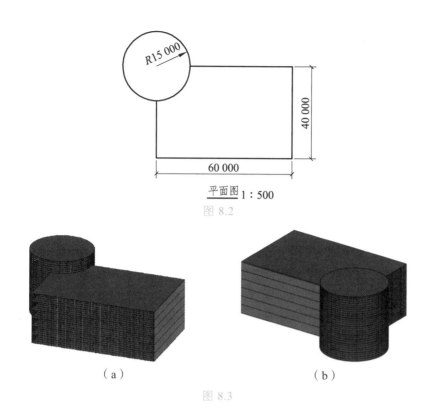

R15 000
40 000
60 000
平面图 1 : 500

图 8.2

（a）　　　　　　（b）

图 8.3

1. 创建标高：南立面视图

新建项目文件，“项目浏览器”切换至南立面视图，使用“标高”工具按照南立面图的标高参数创建标高，如图 8.4 所示。

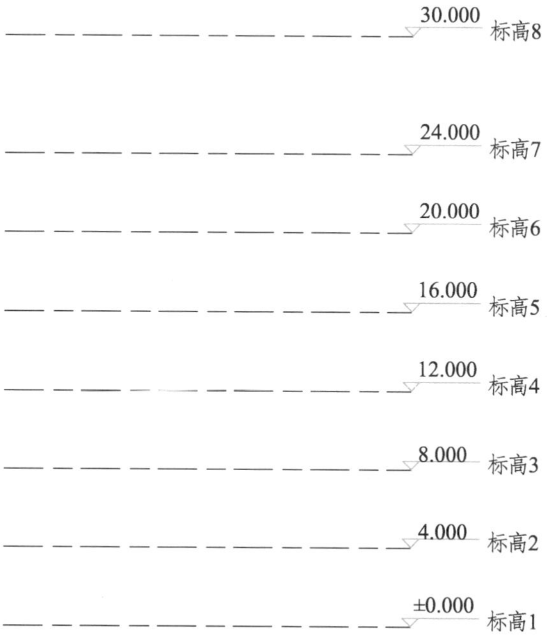

30.000
标高8
24.000
标高7
20.000
标高6
16.000
标高5
12.000
标高4
8.000
标高3
4.000
标高2
±0.000
标高1

图 8.4　创建标高：南立面视图

2. 体量：标高 1 平面视图

（1）"体量和场地"选项卡，"概念体量"面板选择"内建体量"，如图 8.5（a）所示，设置名称为"体量楼层"；"绘制"面板选择"矩形"工具，绘制 60 000×40 000 的矩形，再使用"圆"工具，以矩形左上交点为圆心，绘制半径为 15 000 的圆；"修剪"面板选择"修剪/延伸为角"工具，按平面图所示进行修剪；最后使用起点终点半径弧工具绘制弧，使右侧矩形可以构成封闭轮廓，如图 8.5（b）所示。

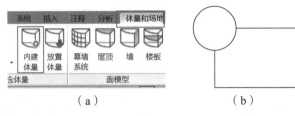

（a）　　　　　　　　（b）

图 8.5

（2）切换至三维视图，选中绘制的矩形，"形状"面板选择"创建形状——实心形状"，如图 8.6（a）所示，同时修改高度的临时尺寸为 24 000；选中绘制的圆，"形状"面板选择"创建形状——实心形状"，同时修改高度的临时尺寸为 30 000；点"完成体量 ✔"，如图 8-6（b）所示。

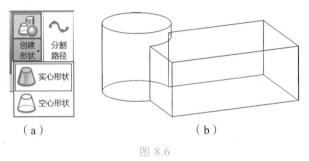

（a）　　　　　　　　（b）

图 8.6

3. 创建楼层

选中创建的体量，"模型"面板选择"体量楼层"，如图 8.7（a）所示，在弹出的"体量楼层"对话框中，选标高 1 至标高 6，点"确定"，如图 8.7（b）所示，创建体量楼层，如图 8.7（c）所示。

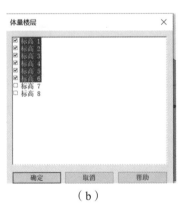

（a）　　　　　　　　（b）

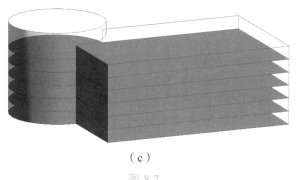

（c）

图 8.7

4. 创建楼板

（1）"体量和场地"选项卡，"面模型"面板选择"楼板"，如图 8.8（a）所示；"属性"面板点"编辑类型"，在打开的"类型属性"对话框点"复制"，将复制的楼板名称修改为"常规-150 mm"，点"确定"。再点"编辑"按钮，在打开的"编辑部件"对话框将楼板厚度改为 150，点"确定"。

（2）分别选中楼层 1 至楼层 6，在"多重选择"面板选择"创建楼板"，完成楼板创建，如图 8.8（b）所示。

（a）　　　　　　　　　（b）

图 8.8

5. 创建面墙

（1）"体量和场地"选项卡，"面模型"面板选择"墙"，如图 8.9 所示；"属性"面板点"编辑类型"，在打开的"类型属性"对话框点"复制"，将复制的墙名称修改为"常规-200 mm 厚面墙"，点"确定"。再点"编辑"按钮，在打开的"编辑部件"对话框将墙厚度改为 200，点"确定"；根据图纸要求将定位线改成"核心层中心线"。

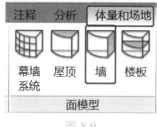

图 8.9

（2）选中要创建面墙的面，完成面墙创建。

6. 创建屋顶

（1）"体量和场地"选项卡，"面模型"面板选择"屋顶"，如图 8.10（a）所示；"属性"面板点"编辑类型"，在打开的"类型属性"对话框点"复制"，将复制的屋顶名称修改为"常规-400 mm"，点"确定"。再点"编辑"按钮，在打开的"编辑部件"对话框将墙厚度改为400，点"确定"。

（2）选中屋顶，在"多重选择"面板选择"创建屋顶"，如图 8.10（b）所示，完成屋顶创建。

（a）　　　　　　（b）

图 8.10

7. 创建幕墙

（1）"体量和场地"选项卡，"面模型"选择"幕墙系统"，如图 8.11（a）所示；"属性"面板点"编辑类型"，在打开的"类型属性"对话框点"复制"，将复制的幕墙系统名称修改为"600×1000"，在"类型属性"对话框中按图 8.11（b）修改各参数，点"确定"。

（2）选中需创建的幕墙面——在"多重选择"面板选择"创建系统"，如图 8.11（c）所示。完成幕墙创建，最后效果如图 8.11（d）所示。

（a）

（b）

（c）

（d）

图 8.11

四、任务总结

本次课基于体量楼层案例，学习了 Revit 软件中创建内建体量的基本方法，包括标高的绘制和应用，内建体量的创建，体量中创建幕墙系统、屋顶、墙、楼板的方法等。

拓展笔记

巩固练习

1. 单选题

（1）在 Revit 中，创建体量楼层的前提条件是（　　）。

A. 必须先创建常规建筑楼层

B. 要有已创建好的体量模型

C. 完成所有墙体的绘制

D. 设置好项目的地理信息

（2）关于 Revit 体量楼层的高度设置，以下说法正确的是（　　）。

A. 只能按照固定的标准层高设置

B. 可以根据体量模型中不同标高间的距离自动识别并设置

C. 高度设置与体量模型的形状有关，不规则形状无法设置准确高度

D. 需要手动逐个测量并输入每个楼层的高度值

（3）在 Revit 中，体量楼层创建后，若对体量模型进行了修改，体量楼层会（　　）。

A. 自动更新，反映体量模型的变化

B. 保持原样，不受体量模型修改的影响

C. 全部消失，需要重新创建

D. 弹出提示框询问是否更新，但不会自动更新

（4）Revit 体量楼层的主要用途不包括以下哪一项？（　　）

    A. 快速生成建筑的初步楼层布局

    B. 用于分析建筑的体量关系和空间分布

    C. 直接生成建筑的详细室内装修模型

    D. 辅助确定建筑的整体高度和楼层数量

（5）当在 Revit 中创建多个体量楼层时，以下哪种操作可以快速选择并编辑所有体量楼层？（　　）

    A. 在项目浏览器中逐个点击体量楼层名称

    B. 使用过滤器，设置过滤条件为"体量楼层"后进行选择

    C. 只能在三维视图中手动框选所有体量楼层

    D. 先选择一个体量楼层，然后通过"相似对象"命令进行选择

2. 判断题

（1）在 Revit 中，创建体量楼层时必须先将视图切换到特定的体量楼层平面视图，否则无法创建。（　　）

（2）当对体量楼层进行移动操作后，其关联的体量模型也会随之移动。（　　）

（3）当在体量楼层视图中使用"临时隐藏/隔离"工具隐藏了部分体量楼层后，通过相应的恢复操作可以使其重新显示。（　　）

（4）若要复制一个体量楼层，只需选中该体量楼层后使用常规的复制粘贴命令即可，复制后的楼层与原楼层所有属性完全相同。（　　）

（5）在 Revit 中，体量楼层的可见性设置只能针对整个项目统一进行，无法针对单个视图进行调整。（　　）

（6）若对体量模型进行了标高调整，与之关联的体量楼层会根据新的标高情况自动更新其楼层位置。（　　）

（7）对体量楼层进行旋转操作时，旋转中心默认是项目的坐标原点，且无法更改。（　　）

（8）当在体量楼层上添加了注释信息后，若删除该体量楼层，注释信息会自动转移到与之关联的体量模型上。（　　）

（9）可以直接在体量楼层上绘制门窗等建筑构件，无须进行任何转换操作。（　　）

（10）在 Revit 中，通过属性面板可以查看体量楼层的面积、周长等几何属性信息。（　　）

3. 操作题

按照要求创建下图体量模型，参数详见图 8.12（a），半圆圆心对齐。并将上述体量模型创建幕墙，如图 8.12（b）所示，幕墙系统为网格布局 1 000 mm × 600 mm（横向竖梃间距为 600 mm，竖向竖梃间距为 1 000 mm）；幕墙的竖向网格中心对齐，横向网格起点对齐；网格上均设置竖梃，竖梃均为圆形竖梃，半径为 50 mm。创建屋面女儿墙以及各层楼板。

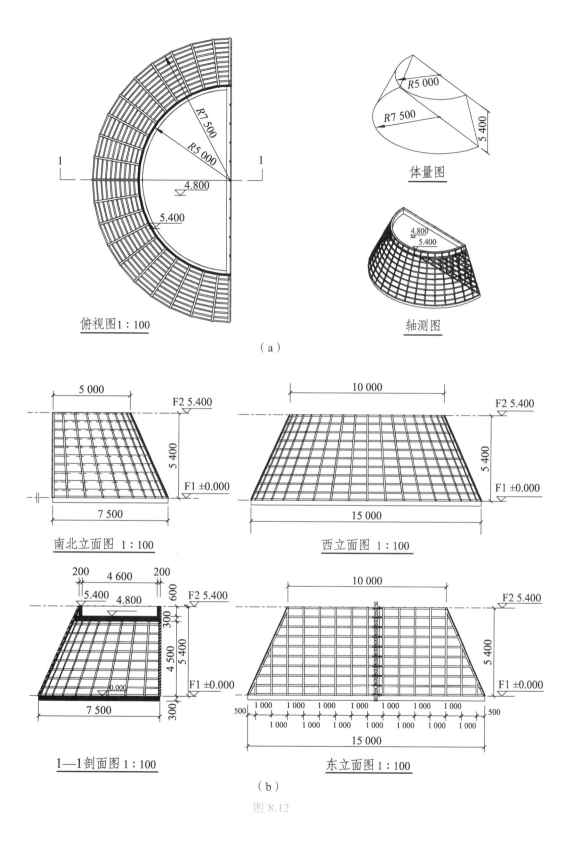

俯视图1:100

体量图

轴测图

（a）

5 000

F2 5.400

5 400

F1 ±0.000

7 500

南北立面图 1:100

10 000

F2 5.400

5 400

F1 ±0.000

15 000

西立面图 1:100

200 4 600 200

600

5.400 4.800

300

4 500 5 400

F2 5.400

0.000

F1 ±0.000

300

7 500

1—1剖面图1:100

10 000

F2 5.400

5 400

F1 ±0.000

500 1 000 1 000 1 000 1 000 1 000 1 000 1 000 500

1 000 1 000 1 000 1 000 1 000 1 000 1 000

15 000

东立面图1:100

（b）

图 8.12

参考答案：

1. 单选题

（1）A （2）D （3）B （4）D （5）B

2. 判断题

（1）× （2）× （3）√ （4）× （5）×

（6）√ （7）× （8）× （9）× （10）√

3. 操作题

操作提示：

（1）新建项目，分别创建 F1：0.00，F2：5.400，F3：4.800 的标高。

（2）点击"体量和场地"→"内建体量"，切换到 F1 楼层平面，绘制半径为 7 500 的半圆（见图 8.13），点击"创建形状"→"实心形状"，进入北立面视图，将体量高度调整到 F2 标高处。

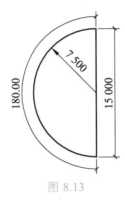

图 8.13

（3）进入东立面视图，选中左侧线条，设置当前工作平面（见图 8.14）；点击"创建形状"→"空心形状"。

图 8.14

（4）点击"体量和场地"→"楼板"，设置楼板厚度属性为 300 mm，选中体量有楼板的面创建楼板。

（5）点击"体量和场地"→"幕墙系统"，设置幕墙系统的类型属性，网格 1 间距：1000，网格 2 间距：600；网格 1 竖梃：圆形竖梃，50 mm 半径，网格 2 竖梃：50 mm 半径，将网格 1 的对正属性改为中心，选择面（见图 8.15）。

图 8.15

（6）点击"体量和场地"→"墙"，拾取上部的面创建女儿墙。

任务二　幕墙创建

幕墙

一、任务内容

运用 Revit 软件绘制幕墙。

二、学习目标

（1）认识 Revit 中幕墙的组成部分；
（2）掌握 Revit 软件幕墙的绘制方法，以及幕墙的设置和编辑；
（3）掌握 Revit 软件给幕墙添加网格和竖梃的方法，以及替换幕墙嵌板、添加幕墙门窗；
（4）培养学生规范绘图的职业习惯。

三、任务步骤

【实例 2】按要求创建幕墙类型，尺寸、外观与图 8.16 所示一致，幕墙竖梃采用 50×50 矩形，材质为不锈钢，幕墙嵌板材质为玻璃，厚度为 20 mm，并按照要求添加幕墙门与幕墙窗，造型类似即可。

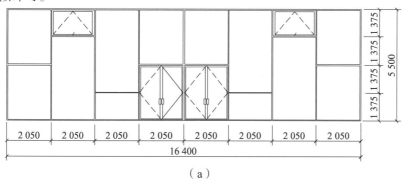

（a）

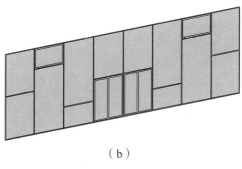

（b）

图 8.16

231

（1）新建项目文件，"项目浏览器"切换至立面视图，设置标高2为5.500 m，如图8.17所示。

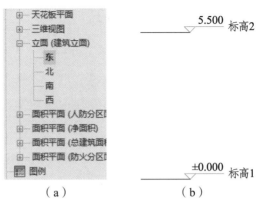

图 8.17

（2）切换至标高1平面视图，"建筑"选项卡，"构建"面板墙下拉选项，选择墙：建筑；在"属性"面板下拉选项选择"幕墙"，如图8.18（a）所示，底部约束设为"标高1"，顶部约束设为"标高2"，如图8.18（b）所示，选择直线工具绘制墙，长度输入16 400，如图8.18（c）所示。

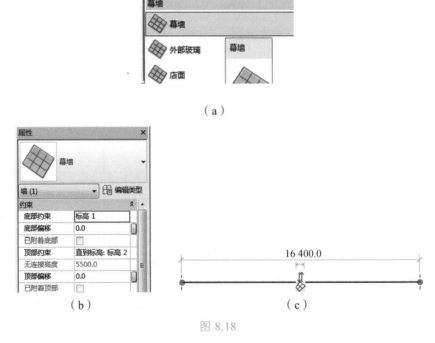

图 8.18

（3）切换至南立面视图，"建筑"选项卡，"构建"面板选"幕墙网格"工具，如图8.19（a）所示，在幕墙体中放置幕墙网格线，竖向间隔2 050，横向间隔1 375，选中网格线，在"幕墙网格"面板中选择"添加/删除线段"，如图8.19（b）所示，删除多余的网格线，如图8.19（c）所示。

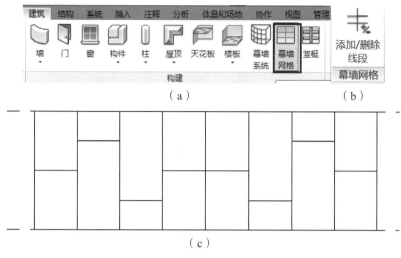

（a）　　　　　　　　　　（b）

（c）

图 8.19

（4）"建筑"选项卡，"构建"面板选"竖梃"工具，如图 8.20（a）所示，"属性"面板点"编辑类型"，打开类型属性对话框，点"复制"按钮，在弹出的"名称"对话框中输入名称为："幕墙竖梃"，点"确定"，如图 8.20（b）所示。在"类型属性"对话框中设置厚度 50 mm，边 1、边 2 宽度为 25，材质为"不锈钢"，点"确定"。幕墙网格线上放置竖梃，如图 8.20（c）所示，完成幕墙竖梃创建，如图 8.20（d）所示。

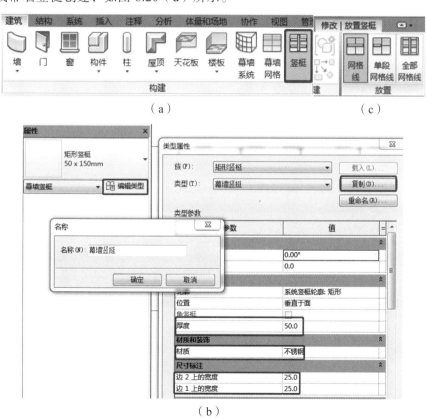

（a）　　　　　　　　　　　　　（c）

（b）

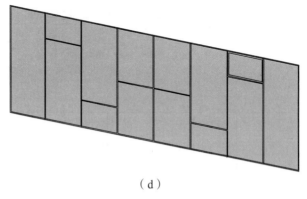

（d）

图 8.20

（5）分别选中需放置窗嵌板的幕墙格，"属性"面板点"编辑类型"，如图 8.21（a）所示，在打开的"类型属性"对话框中，点"载入"按钮，在外部族文件"建筑"中选择"幕墙"——"门窗嵌板"，选择"窗嵌板_50-70 系列上悬铝窗"族类型，点"打开"按钮，载入窗嵌板，嵌板材质设置为"玻璃"，厚度设为 20，点"确定"，如图 8.21（b）所示，完成窗嵌板创建。

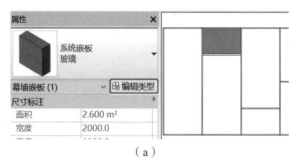

（a）

（b）

图 8.21

234

（6）分别选中需放置门嵌板的幕墙格，"属性"面板点"编辑类型"，在打开的"类型属性"对话框中，点"载入"按钮，在外部族文件"建筑"中选择"幕墙"——"门窗嵌板"，选择"门嵌板_双开门 3"族类型，点"打开"按钮，载入门嵌板，嵌板材质设置为"玻璃"，厚度设为 20，点"确定"，完成门嵌板创建，如图 8.22 所示。

（a）

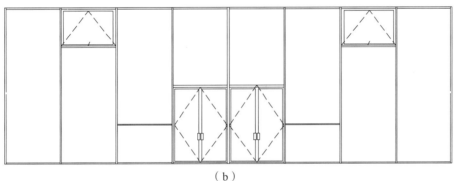

（b）

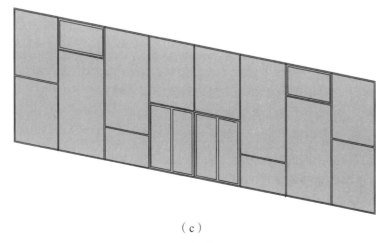

（c）

图 8.22

四、任务总结

本次课基于幕墙案例学习了 Revit 软件中创建幕墙的基本方法，包括幕墙的绘制方法，以及幕墙的设置和编辑、给幕墙添加网格和竖梃的方法，以及替换幕墙嵌板、添加幕墙门窗方法等。

拓展笔记

巩固练习

1. **单选题**

（1）在 Revit 中，创建体量的主要目的不包括以下哪一项？（　　）

    A. 作为建筑外形设计的基础　　　　　　B. 直接生成详细的施工图

    C. 辅助分析建筑的空间关系　　　　　　D. 为后续添加幕墙等构件提供载体

（2）当在 Revit 体量上创建幕墙系统时，以下哪个操作是首先需要完成的？（　　）

    A. 直接在体量表面绘制幕墙网格　　　　B. 定义幕墙的类型属性

    C. 将体量转换为可编辑的实体　　　　　D. 选择合适的体量表面

（3）在 Revit 中，幕墙的嵌板类型不可以设置为以下哪种？（　　）

    A. 玻璃　　　　　　B. 实体铝板　　　　C. 木门　　　　　　D. 中空双层玻璃

（4）关于 Revit 中幕墙的竖梃，下列说法错误的是（　　）。

    A. 竖梃可以有不同的截面形状　　　　　B. 竖梃的材质只能是金属

    C. 可以根据需要调整竖梃的间距　　　　D. 竖梃能增强幕墙的结构稳定性

（5）在 Revit 中，若要修改幕墙的网格布局，应在哪个视图下进行操作较为方便？（　　）

    A. 平面视图　　　　B. 立面视图　　　　C. 三维视图　　　D. 剖面视图

（6）在 Revit 中，以下哪种方式不能用于调整幕墙网格的间距？（　　）

A. 在属性面板中直接输入间距值

B. 使用"修改 | 幕墙网格"上下文选项卡中的"分布"工具

C. 通过拖动网格线手动调整

D. 在平面视图中使用拉伸命令调整

（7）关于 Revit 中幕墙的"自动嵌入"功能，下列描述正确的是（　　）。

　　A. 会使幕墙自动嵌入到所有相邻的墙体中

　　B. 只对特定类型的墙体生效，且需满足一定条件

　　C. 开启后无法再手动调整幕墙与墙体的连接关系

　　D. 主要用于将幕墙嵌入到楼板中

（8）在 Revit 中创建体量时，若要精确控制体量的尺寸，最好使用以下哪种工具或方法？（　　）

　　A. 直接用鼠标拖动控制点

　　B. 参考平面结合尺寸标注进行绘制

　　C. 凭视觉估计，后期再调整

　　D. 使用旋转工具调整角度来间接控制尺寸

（9）当在 Revit 中为幕墙设置遮阳百叶时，百叶的角度通常在哪个视图中设置较为准确？（　　）

　　A. 平面视图　　　　　B. 立面视图　　　　C. 三维视图　　　　D. 剖面视图

（10）在 Revit 中，以下关于幕墙与其他建筑构件碰撞检查的说法，正确的是（　　）。

　　A. 只能对幕墙与墙体之间进行碰撞检查

　　B. 碰撞检查结果不能直接在视图中显示

　　C. 可以针对幕墙与多个不同类型建筑构件同时进行碰撞检查

　　D. 进行碰撞检查前必须先将幕墙转换为实体模型

2. 判断题

（1）在 Revit 中，体量只能通过导入外部模型的方式创建。（　　）

（2）一旦在 Revit 体量上创建了幕墙系统，就无法再修改幕墙的类型属性了。（　　）

（3）幕墙的嵌板和竖梃的尺寸在 Revit 中是固定不可调的。（　　）

（4）在 Revit 中，不同的体量表面必须使用相同类型的幕墙系统。（　　）

（5）可以在 Revit 的明细表中统计幕墙及其构件的相关信息。（　　）

3. 操作题

根据图 8.23，创建墙体与幕墙，墙体构造与幕墙竖梃连续方式如图所示，竖梃尺寸为 100 mm×50 mm。

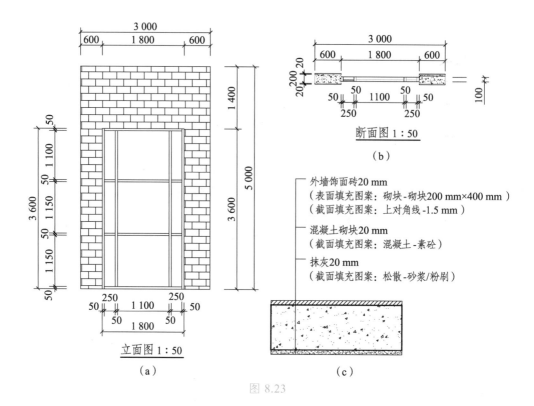

图 8.23

参考答案：

1. 单选题

（1）B （2）D （3）C （4）B （5）B

（6）D （7）B （8）B （9）C （10）C

2. 判断题

（1）× （2）× （3）× （4）× （5）√

3. 操作题

操作提示：

（1）新建项目——建筑样板，建筑选项卡-墙体，设置墙体属性：外层材质为外墙饰面砖，表面填充图案为砌体，厚度为20；结构核心层材质设置为混凝土砌块，厚度为200；内部材质为抹灰，厚度为20；无连接高度设置为5 000；在楼层平面绘制长度为3 000的墙。

（2）建筑选项卡-墙体，进入属性面板，选择幕墙，无连接高度设置为3 600；从墙体左侧600开始绘制1 800的幕墙，如图8.24所示。

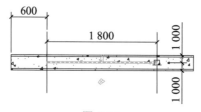

图 8.24

（3）设置幕墙的类型属性，勾选自动嵌入。

（4）建筑选项卡-幕墙网格，在幕墙上绘制竖向和横向网格，根据图纸修改网格位置（见图 8.25）。

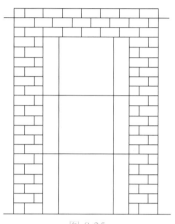

图 8.25

（5）建筑选项卡-竖梃，设置厚度属性为 100，可以用"网格线"逐条放置竖梃，也可以用"全部网格线"批量放置。

（6）选中顶部和底部中间竖梃，单击修改选项卡-结合。

任务三　钢结构雨棚创建

一、任务内容

运用 Revit 软件绘制局部项目——钢结构雨棚。

二、学习目标

钢结构雨棚（一）

钢结构雨棚（二）

（1）掌握 Revit 软件创建标高轴网；
（2）掌握 Revit 软件创建楼板；
（3）掌握 Revit 软件创建柱梁的方法；
（4）培养学生规范绘图的职业习惯。

钢结构雨棚（三）

三、任务步骤

【实例 3】按要求建立钢结构雨棚模型（包括标高、轴网、楼板、台阶、钢柱、钢梁、幕墙及玻璃顶棚），尺寸、外观与图 8.26 所示一致，幕墙和玻璃雨棚表示网格划分即可，见节点详图，钢结构除图中标注外均为 GL2 矩形钢，图中未注明尺寸自定义。

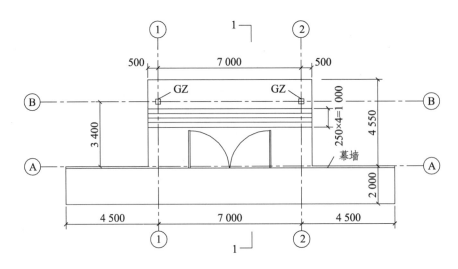

F1层平面图 1:100

（a）

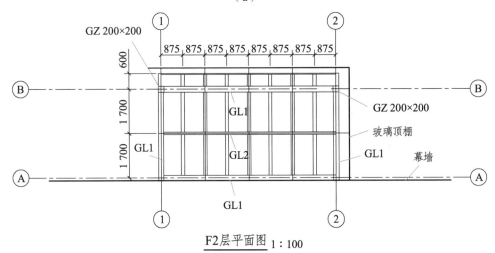

F2层平面图 1:100

（b）

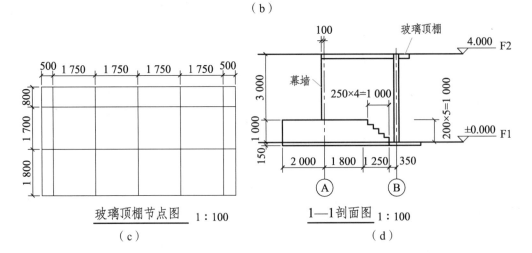

玻璃顶棚节点图 1:100

（c）

1—1剖面图 1:100

（d）

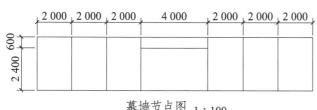

幕墙节点图 1:100

（e）

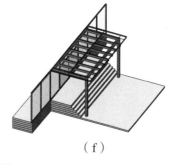

（f）

标记	尺寸	类型
GZ	200×200×5	方形钢
GL1	200×200×5	方形钢
GL2	200×100×5	矩形钢

（g）

图 8.26

步骤提示：

1. 标高、轴网

（1）点击建筑样板新建项目文件，"项目浏览器"切换至南立面，修改标高名称为 F1、F2，设置标高值 F1 为 ± 0.000、F2 为 4.000。

标高的创建

轴网的创建

（2）切换到楼层平面 F1，点击建筑选项卡，在"基准"面板中选择"轴网"工具，按照图纸尺寸绘制、编辑轴网，如图 8.27 所示。

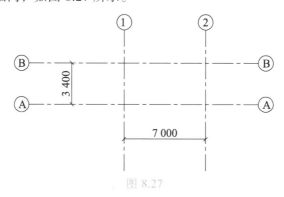

图 8.27

这样就完成了钢结构雨棚的标高和轴网的创建。

2. 楼板：平面视图

（1）楼层平面 F1：建筑选项卡，"构建"面板选择楼板——楼板：建筑；"属性"面板点"编辑类型"，在打开的"类型属性"对话框点"复制"，将复制的楼板名称修改为"楼板-150 mm"，如图 8.28（a）所示，点"确定"。再点结构行的"编辑"按钮，在打开的"编辑部件"对话框将楼板厚度改为 150，如图 8.28（b）所示，点"确定"。

类型属性

族(F): 系统族:楼板

类型(T): 常规楼板 – 400mm

载入(L)...

复制(D)...

重命名(R)...

类型参数

参数	值
构造	
结构	编辑...
默认的厚度	400.0
功能	内部
图形	
粗略比例填充样式	

名称

名称(N): 楼板-150mm

确定   取消

（a）

编辑部件

族： 楼板
类型： 楼板-150mm
厚度总计： 150.0 （默认）
阻力(R)： 0.0000 （m²·K）/W
热质量： 0.00 kJ/K

层

	功能	材质	厚度	包络	结构材质	可变
1	核心边界	包络上层	0.0			
2	结构 [1]	<按类别>	150.0	☐	☑	☐
3	核心边界	包络下层	0.0			

（b）

图 8.28

（2）使用直线绘制工具按图 8.26（a）中尺寸绘制楼板边界，"模式"面板点"完成编辑模式 ✔"，如图 8.29 所示。

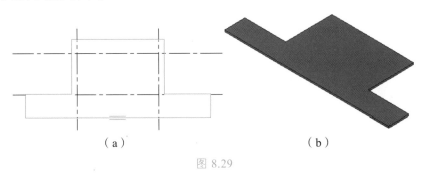

（a）   （b）

图 8.29

3. 台阶：东立面

（1）"建筑"选项卡，选择"构件"下拉选项"内建模型"，在打开的"族类别和族参数"对话框下选择"楼板"，并命名为"台阶"。

（2）楼层平面 F1：在"工作平面"面板选"设置"工具，在弹出的"工作平面"对话框选择"拾取一个平面"，点"确定"；在轴线 2 上点取一点，在弹出的"转到视图"，选择东立面视图，打开东立面视图。

（3）启用"创建"——"拉伸"工具，绘制台阶立面轮廓，"模式"面板点"完成编辑模式 ✔"。在北立面视图，拖动控制按钮使台阶到合适位置，如图 8.30 所示。

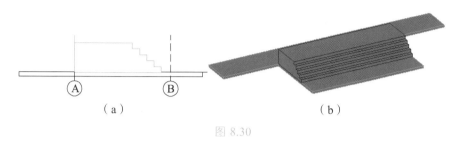

（a）　　　　　　　　　　　　　　　（b）

图 8.30

（4）东立面视图，创建——拉伸——绘制台阶后面部分，"模式"面板点"完成编辑模式 ✔"。在南立面视图，拖动控制按钮使台阶到合适位置，"几何"图形面板选择"连接"，将台阶的两部分连接起来；"模式"面板点"完成编辑模式 ✔"，如图 8.31 所示。

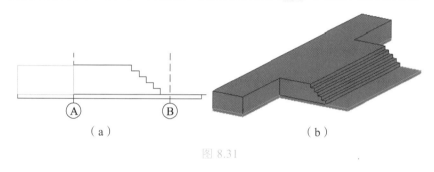

（a）　　　　　　　　　　　　　　　（b）

图 8.31

4. 幕墙：F1 视图

（1）"建筑"选项卡，"构建"面板点墙下面的下拉三角，选择"墙：建筑"；在"属性"面板下拉选项选择"幕墙"，底部约束选择 F1，底部偏移 1000，顶部约束选择 F2，使用"直线"工具，并在"选项栏"设置偏移量为 100，绘制幕墙，如图 8.32 所示。

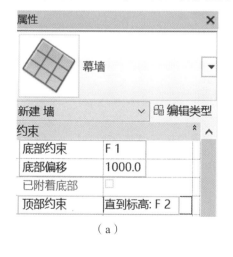

（a）

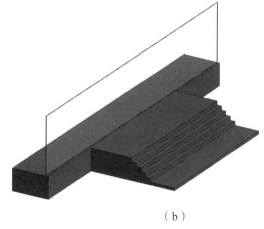

（b）

图 8.32

（2）切换至南立面视图，"建筑"选项卡，"构建"面板选择"幕墙网格"工具，按照幕墙节点图放置幕墙网格线，如图 8.33 所示。

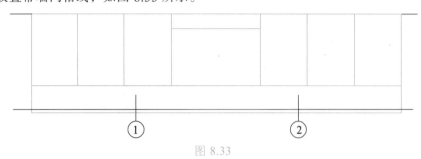

图 8.33

（3）选中幕墙门处幕墙嵌板，"属性"面板点"编辑类型"——载入"门嵌板"族类型（建筑-幕墙-门窗嵌板-门嵌板_双开门 3），如图 8.34 所示。

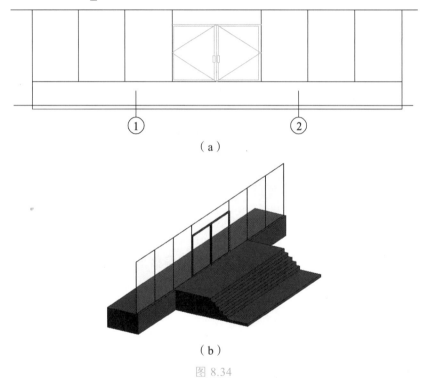

（a）

（b）

图 8.34

5. 玻璃顶棚：F2 平面视图

（1）"建筑"选项卡，"构建"面板在"屋顶"下拉选项选择"迹线屋顶"；"属性"面板在下拉选项选"玻璃斜窗"，如图 8.35（a）所示，从 1 轴和 B 轴交点处往上画 800，往左画500，绘制顶棚边界，如图 8.35（b）所示，"选项栏"中去掉"定义坡度"；"模式"面板点"完成编辑模式 ✔"。

（2）"建筑"选项卡，"构建"面板选择幕墙网格：按玻璃顶棚节点图划分顶棚网格，如图 8.36 所示。

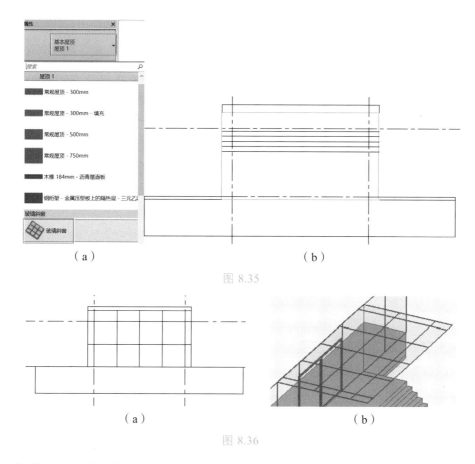

（a）　　　　　　　　　　　　　　（b）

图 8.35

（a）　　　　　　　　　　　　　（b）

图 8.36

6. 钢柱：F1 平面视图

"结构"选项卡，选择"柱"工具，"属性"面板点"编辑类型"，如图 8.37（a）所示，打开"类型属性"对话框，点"载入"，选"结构——柱——轻型钢——矩形柱"，点"打开"，点"确定"按钮。在"类型属性"对话框中点"复制"按钮，在"名称"对话框中输入"GZ"，修改"B"为 200，"H"为 200，"T"为 5，如图 8.37（b）所示，点"确定"，选项栏下拉选项选择"高度、F2"，如图 8.37（c）所示。分别在 B 轴和 1 轴、B 轴和 2 轴交点处插入柱。

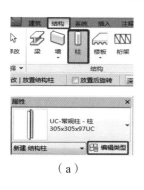

（a）

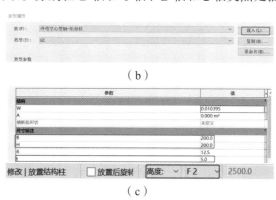

（b）

（c）

图 8.37

245

7. 钢梁：F2 平面视图

（1）GL1："结构"选项卡，选择"梁"工具，"属性"面板点"编辑类型"，如图 8.38（a）所示，打开"类型属性"对话框，点"载入"，选"结构——框架——轻型钢——冷弯空心型钢——矩形"，点"打开"，点"确定"。在"类型属性"对话框中点"复制"按钮，在"名称"对话框中输入"GL1"，修改 H、B 为 200，t 为 5，如图 8.38（b）所示。

（a）　　　　　　　　　　　　　　　　　（b）

图 8.38

（2）GL2：编辑类型——复制——命名为 GL2——修改 B 为 100——"确定"。

（3）属性栏分别选择 GL1、GL2，参照 F2 层平面图绘制钢梁，如图 8.39 所示。

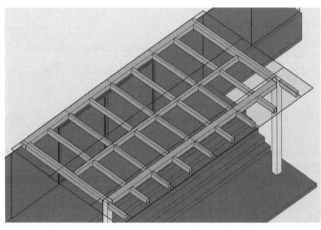

图 8.39

四、任务总结

本次课基于钢结构雨棚案例，学习了 Revit 软件中创建局部项目的基本方法，包括标高轴网的绘制方法、楼板的创建、柱梁创建等。

拓展笔记

巩固练习

1. 单选题

（1）在 Revit 中创建钢结构雨棚的第一步通常是（　　）。

    A. 直接绘制钢结构构件　　　　　　B. 绘制雨棚的轮廓体量

    C. 定义钢结构的材质　　　　　　　D. 插入雨棚族文件

（2）当绘制钢结构雨棚的轮廓体量时，以下哪个视图最适合进行初步绘制？（　　）

    A. 平面视图　　　　B. 立面视图　　　　C. 三维视图　　　　D. 剖面视图

（3）在 Revit 中，要调整钢结构雨棚中钢柱的高度，最便捷的操作是在哪个视图进行？（　　）

    A. 平面视图　　　　　B. 立面视图　　　　C. 三维视图　　　　D. 屋面平面图

（4）对于 Revit 中钢结构雨棚的钢梁，以下哪种操作不能用于改变其形状或走向？（　　）

    A. 使用"修改"工具中的"移动"命令

    B. 利用"旋转"工具

    C. 在属性面板中修改其几何参数

    D. 通过拉伸平面视图中的钢梁二维图形

（5）在 Revit 中创建钢结构雨棚时，若要使雨棚与主体建筑结构准确连接，关键要做好以下哪项工作？（　　）

    A. 精确设置钢结构构件的尺寸

    B. 确定雨棚在建筑中的位置坐标

    C. 保证主体建筑结构模型的准确性

    D. 选择合适的钢结构连接节点族

（6）以下关于 Revit 中钢结构雨棚的屋面材料设置，说法错误的是（　　）。

　　A. 可以设置为玻璃材质以实现采光效果

　　B. 只能选择金属板材作为屋面材料

　　C. 能通过修改屋面族的参数来调整材料属性

　　D. 不同的屋面材料会影响雨棚的外观和功能

（7）在 Revit 中，要查看钢结构雨棚的整体结构受力分析结果，需要借助以下哪个功能模块？（　　）

　　A. 渲染模块　　　　　　　　　　　　B. 明细表模块

　　C. 结构分析模块　　　　　　　　　　D. 视图管理模块

（8）当在 Revit 中复制钢结构雨棚模型用于其他项目时，以下哪种情况可能导致复制后的雨棚出现问题？（　　）

　　A. 原雨棚模型未进行材质设置

　　B. 原雨棚模型所在项目的单位设置与新项目不同

　　C. 原雨棚模型是在三维视图中创建的

　　D. 原雨棚模型未设置可见性参数

（9）在 Revit 中，若要给钢结构雨棚添加排水系统，通常需要在哪个视图下进行详细设计？（　　）

　　A. 平面视图　　　　B. 立面视图　　　　C. 三维视图　　　　D. 屋面平面图

（10）关于 Revit 中钢结构雨棚的支撑结构，以下说法正确的是（　　）。

　　A. 支撑结构的形式只有一种，即斜撑

　　B. 支撑结构的布置不影响雨棚的稳定性

　　C. 可以根据雨棚的规模和受力情况灵活设置支撑结构

　　D. 支撑结构不需要与钢柱和钢梁进行连接

2. 判断题

（1）在 Revit 中，钢结构雨棚的所有钢结构构件必须通过绘制体量的方式创建。（　　）

（2）只要在 Revit 中设置好钢结构雨棚的外形，其内部结构受力情况就无须再考虑。（　　）

（3）改变 Revit 中钢结构雨棚的屋面坡度，只能通过修改屋面族的参数来实现。（　　）

（4）在 Revit 中，钢结构雨棚的模型精度与主体建筑模型精度没有任何关系。（　　）

（5）对于 Revit 中钢结构雨棚的连接节点，其详细设计在整个雨棚设计中不重要。（　　）

3. 操作题

如图 8.40 所示，按要求建立地铁站入口模型，包括墙体（幕墙）、楼板、台阶、屋顶、尺寸外观与图示一致，幕墙需表示网格划分，竖梃直径为 50 m，屋顶边缘见节点详图，图中未注明尺寸自定义。

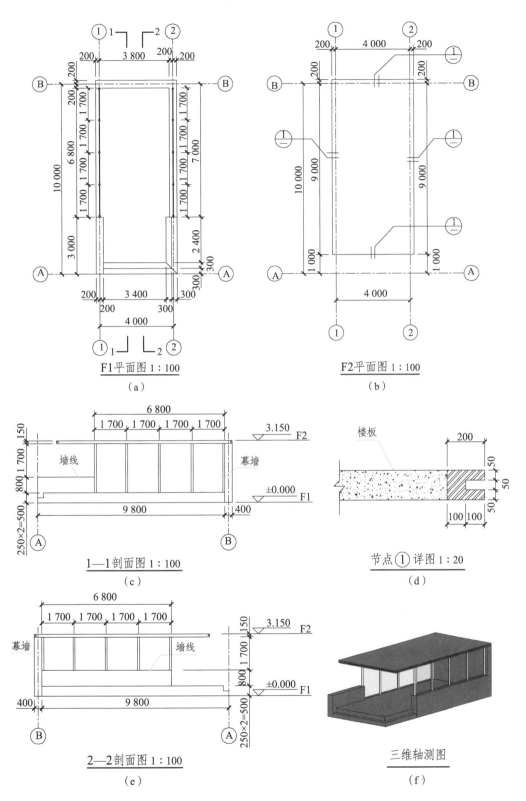

F1平面图 1:100
（a）

F2平面图 1:100
（b）

1—1剖面图 1:100
（c）

节点①详图 1:20
（d）

2—2剖面图 1:100
（e）

三维轴测图
（f）

图 8.40

参考答案：

1. 单选题
（1）B　　（2）A　　（3）B　　（4）D　　（5）C
（6）B　　（7）C　　（8）B　　（9）D　　（10）C

2. 判断题
（1）×　　（2）×　　（3）×　　（4）×　　（5）×

3. 操作题
操作提示：

（1）新建项目——建筑样板，进入任意立面，将标高 2 修改为 3.150。

（2）进入标高 1 楼层平面视图，点击建筑选项卡-轴网，根据图纸，创建轴网。

（3）点击建筑选项卡-墙-编辑类型，设置墙的厚度为 400，顶部约束设置为标高 2，根据图纸，绘制墙（见图 8.41）。

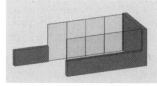

图 8.41

（4）建筑选项卡-墙体，进入属性面板选择幕墙，根据图纸，绘制幕墙。

（5）进入三维视图，选中幕墙，将底部偏移属性修改为 1300；将基本墙顶部拖拽到幕墙底部；选中地铁口的矮墙，将顶部约束属性修改为标高 1，顶部偏移属性修改为 1300。

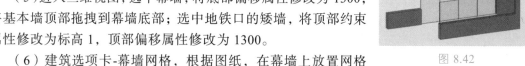

图 8.42

（6）建筑选项卡-幕墙网格，根据图纸，在幕墙上放置网格（见图 8.42）。

（7）建筑选项卡-竖梃，选择 25 mm 半径的圆形竖梃，依次点击图上的网格线，即可生成竖梃。

（8）建筑选项卡-楼板：建筑，设置厚度为 250 的楼板，切换到标高 1，绘制楼板轮廓，修改绘制好的楼板的自标高的高度偏移量为 250；切换到前立面，选中楼板-复制，双击编辑边界，依据图纸，偏移 300（见图 8.43）。

（9）修改-连接，点击两个楼板。

（10）切换标高 2 楼层平面视图，建筑选项卡-楼板：建筑，设置楼板厚度属性为 150，依据图纸，绘制楼板边界；选中幕墙-附着顶部/底部，点击楼板-分离目标。

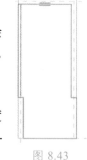

图 8.43

（11）建筑选项卡-内建模型-楼板，切换到标高 2 楼层平面，点击创建-放样-绘制路径，使用矩形沿楼板边界绘制，双击轮廓，进入东立面，依据图纸，绘制轮廓，点击修改选项卡-连接，选择内建模型和屋顶楼板（见图 8.44）。

图 8.44

任务四　屋顶创建

一、任务内容

运用 Revit 软件绘制局部项目——屋顶。

屋顶

屋顶的基本操作

二、学习目标

（1）掌握 Revit 软件绘制屋顶的方法；
（2）能够依照图纸准确绘制屋顶模型；
（3）培养学生工作中的质量意识和精益求精的工匠精神。

三、任务步骤

【**实例 4**】建立如图 8.45 所示屋顶模型，并对平面及东立面做如图所示标注，以"老虎窗屋顶"命名保存。屋顶类型：常规-125 mm，墙体类型：基本墙-常规 200 mm，老虎窗墙外边线对齐小屋顶迹线，窗户类型：固定-0915 类型，图中箭头标注坡度为 33.68°，其他见标注。

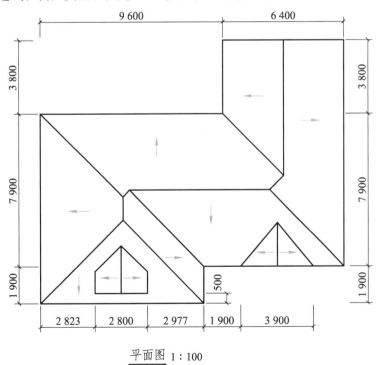

平面图 1∶100

（a）

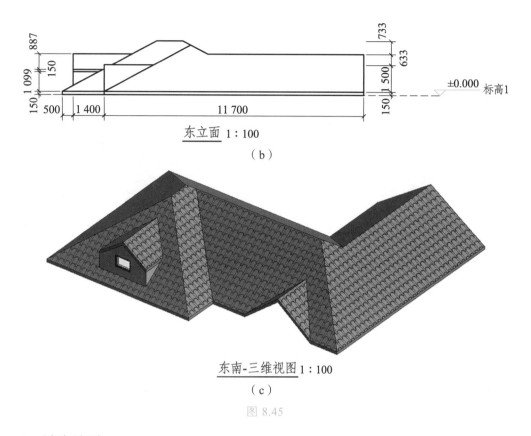

东立面 1 : 100

（b）

东南-三维视图 1 : 100

（c）

图 8.45

1. 创建屋顶

（1）新建项目文件，选择建筑样板。

（2）切换至标高 1 平面视图，"建筑"选项卡，"构建"面板选择"屋顶—迹线屋顶"，如图 8.46（a）所示，属性栏选择"常规-125 mm"屋顶，使用"直线"绘制工具按照屋顶平面图绘制屋顶迹线，如图 8.46（b）所示。

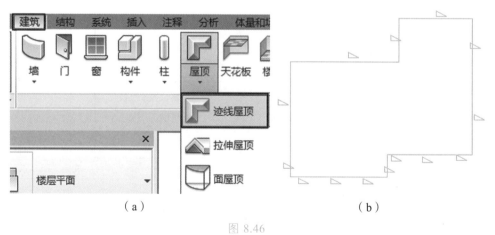

（a）   （b）

图 8.46

（3）选中如图 8.47 所示蓝色框内的迹线，在属性栏或选项栏去掉定义屋顶坡度勾选。

252

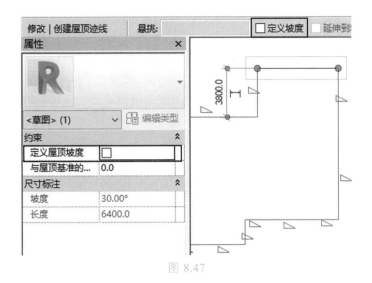

图 8.47

（4）选中其他迹线，在属性栏将坡度改为33.68°，如图8.48所示。

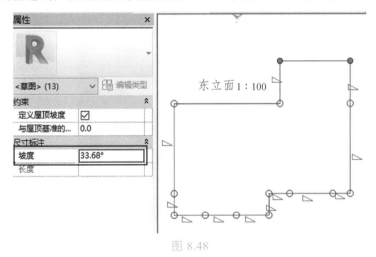

图 8.48

（5）选中如图8.49（a）所示蓝色框内的迹线，在属性栏或选项栏去掉定义屋顶坡度勾选，"绘制"面板选择"坡度箭头"，如图8.49（b）所示，绘制如图8.49（a）所示坡度箭头，并在属性栏将头高度偏移改为1500，如图8.49（c）所示，点击"完成编辑模式 ✔"。在"属性"面板"范围-视图范围"调整视图范围，让屋顶可见。

（a）　　　　　（b）　　　　　（c）

图 8.49

2. 创建老虎窗屋顶

（1）切换至标高 1 平面视图，按照图示尺寸绘制如图 8.50 所示三条参照平面。"建筑"选项卡，"构建"面板选择"屋顶—迹线屋顶"，属性栏选择"常规-125 mm"屋顶，使用"矩形"绘制如图 8.50 所示矩形迹线，同时取消上下两条迹线坡度，在属性栏将左右两条迹线的坡度改为 33.68°，点击"完成编辑模式 ✔"。

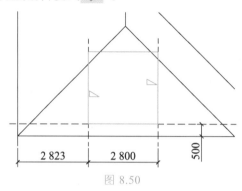

图 8.50

（2）切换至三维视图，选中绘制的小屋顶，在属性栏将"自标高的底部"改为 1099，如图 8.51 所示。

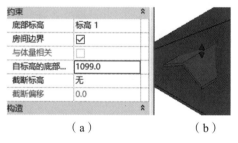

（a）　　　　　　　　（b）

图 8.51

（3）选择小屋顶，"模式"面板启动"编辑迹线"工具，如图 8.52（a）所示，去掉左右两条迹线的坡度，绘制面板选择"坡度箭头"，绘制如图 8.52（b）所示坡度箭头，并在属性栏将"头高度偏移"改为 887，如图 8.52（c）所示，点击"完成编辑模式 ✔"。

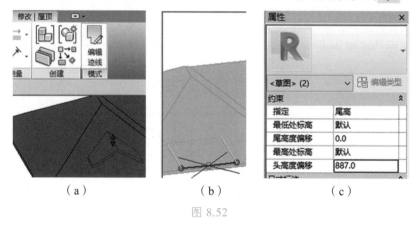

（a）　　　　　　　　（b）　　　　　　　　（c）

图 8.52

（4）调整三维视图到合适角度，几何图形面板选择"连接/取消屋顶连接"工具，分别选择蓝色框内的小屋顶线和小屋顶所在的大屋顶斜面，连接小屋顶和大屋顶，如图 8.53 所示。

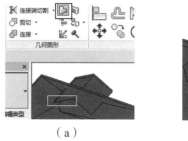 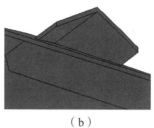

（a）   （b）

图 8.53

3. 创建老虎窗墙及固定窗

（1）切换至平面视图，使用"建筑—墙—墙：建筑"工具（墙类型为：基本墙，常规-200 mm，在选项栏中将定位线设置为：面层面外部），绘制如图 8.54（a）所示墙体。切换到三维视图，"洞口"面板选择"老虎窗"工具，先选择大屋顶，再分别选择墙的内边线及小屋顶，并使用修改面板中"修剪/延伸为角"工具修剪多余线条，修完如图 8.54（b）所示，点击"完成编辑模式 ✔"。

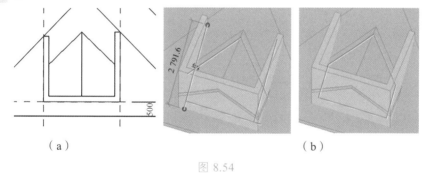

（a）   （b）

图 8.54

（2）选中墙体，点修改墙面板中的"附着顶部/底部"工具，如图 8.55（a）所示，选择小屋顶。再次选中墙体，点修改墙面板中的"附着顶部/底部"工具，同时选择选项栏"底部"，如图 8.55（b）所示。再选择大屋顶，平面视图调整左右两边墙体到合适位置。

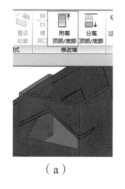 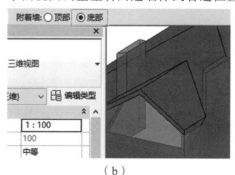

（a）   （b）

图 8.55

（3）启动"窗"工具，选择"固定-0915类型"窗户，如图8.56（a）所示，在前面墙体插入如图8.56（b）所示窗户。

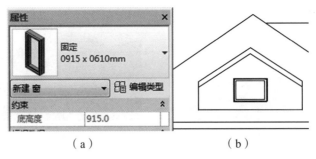

（a）　　　　　　　　　　　（b）

图 8.56

四、任务总结

本次课基于屋顶案例，学习了 Revit 软件中创建屋顶的基本方法，包括参照平面的设置和应用、屋顶绘制、老虎窗的绘制等。

拓展笔记

_____

_____

_____

_____

_____

巩固练习

1. 单选题

（1）在 Revit 中，以下哪种方式不常用于创建屋顶的基本形状？（　　　）

　　A. 迹线屋顶　　　　　　　　　　B. 拉伸屋顶

　　C. 旋转屋顶　　　　　　　　　　D. 复制墙体并修改属性

（2）当使用迹线屋顶创建屋顶时，关键的操作步骤是（　　　）。

　　A. 直接绘制屋顶轮廓线

　　B. 先选择屋顶类型再绘制轮廓线

C. 绘制完轮廓线后立即设置屋顶坡度

D. 绘制轮廓线时要确保完全封闭

（3）在 Revit 中，若要创建一个具有复杂曲线形状的屋顶，最合适的方法是（　　）。

A. 迹线屋顶结合修改工具进行调整

B. 拉伸屋顶并多次拉伸不同部分

C. 旋转屋顶并设置合适的旋转角度

D. 使用体量建模然后生成屋顶

（4）关于 Revit 中屋顶的坡度设置，以下说法错误的是（　　）。

A. 可以在绘制屋顶轮廓线时直接设置坡度

B. 坡度箭头可用于指定屋顶的排水方向和坡度大小

C. 所有屋顶类型都必须设置坡度

D. 坡度设置会影响屋顶的外观和排水性能

（5）在 Revit 中创建屋顶后，发现屋顶的高度不符合要求，最便捷的调整方法是在哪个视图进行操作？（　　）

A. 平面视图　　　　　B. 立面视图　　　　C. 三维视图　　　　D. 剖面视图

（6）对于 Revit 中屋顶的材质设置，以下哪个操作是正确的？（　　）

A. 在创建屋顶前就必须设置好材质

B. 只能通过修改屋顶族的属性来设置材质

C. 可以在属性面板中直接设置屋顶的材质

D. 材质一旦设置就无法更改

（7）在 Revit 中，要将屋顶与墙体进行无缝连接，关键要做好以下哪项工作？（　　）

A. 确保屋顶和墙体的材质相同

B. 调整屋顶和墙体的尺寸精度一致

C. 使屋顶的轮廓线与墙体顶部轮廓匹配

D. 在屋顶和墙体之间添加连接构件

（8）当在 Revit 中创建多个屋顶且需要使其相互连接时，以下哪种情况可能导致连接不顺畅？（　　）

A. 各屋顶的坡度设置不同　　　　　　B. 各屋顶的材质不同

C. 各屋顶的创建方式不同　　　　　　D. 各屋顶的厚度不同

（9）在 Revit 中，以下关于屋顶的隔热层设置，说法正确的是（　　）。

A. 隔热层只能添加在屋顶的顶部表面

B. 隔热层的设置需要通过插入特定族来实现

C. 可以在属性面板中直接设置隔热层的相关参数

D. 隔热层设置与屋顶的材质无关

（10）在 Revit 中，要查看屋顶的详细结构信息，如梁、板的布置等，最好在哪个视图下进行操作？（　　）

A. 平面视图　　　　　B. 立面视图　　　　C. 三维视图　　　　D. 剖面视图

2. 判断题

（1）一旦在 Revit 中设置了屋顶的坡度，就无法再更改了。（　　）

（2）屋顶的材质和颜色设在 Revit 中，所有屋顶都必须通过迹线屋顶的方式创建。（　　）

（3）屋顶的材质和颜色设置对屋顶的结构性能没有任何影响。（　　）

（4）在 Revit 中，屋顶与其他建筑构件（如墙体、柱子）的连接只能通过自动识别功能来实现。（　　）

（5）要在 Revit 中创建一个平屋顶，就不需要设置任何坡度相关参数。（　　）

3. 操作题

根据图 8.57 给定数据创建轴网与屋顶，轴网显示方式参考图 8.57，屋顶底标高为 6.3 m，厚度 150 mm，坡度为 1∶15，材质不限。

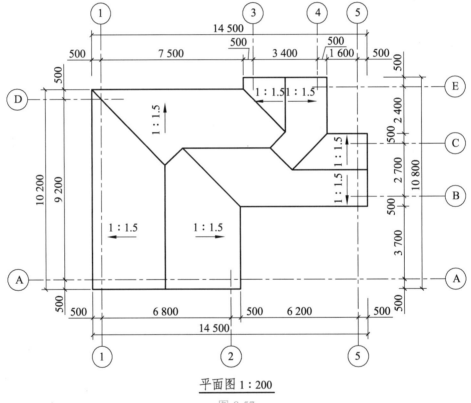

平面图 1∶200

图 8.57

参考答案：

1. 单选题

（1）D　　（2）D　　（3）D　　（4）B　　（5）C

（6）C　　（7）C　　（8）A　　（9）C　　（10）D

258

2. 判断题

（1）×　　（2）×　　（3）×　　（4）×　　（5）√

3. 操作题

操作提示：

（1）新建——建筑样板，进入任意立面，将标高2改为6.300（见图8.58）。

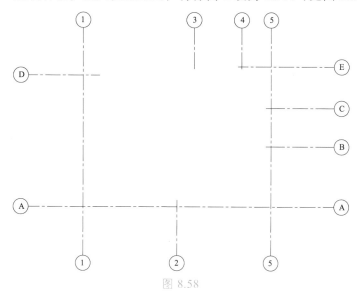

图 8.58

（2）进入标高2，根据图纸，绘制轴网。

（3）建筑选项卡-屋顶：迹线屋顶，绘制直线（偏移 500），根据图纸，沿着轴线绘制屋顶边线（见图8.59）。

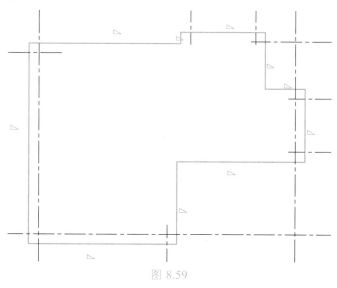

图 8.59

（4）选择屋顶边线，设置坡度属性为 1∶1.5，选中三条无坡度的边线，将定义屋顶坡度的"√"去除（见图8.60）。

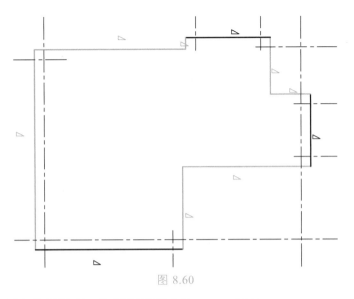

图 8.60

（5）在属性面板-编辑类型，将屋顶厚度改为150，确定。

（6）点击属性面板-视图范围-编辑，将顶部和剖切面的偏移值调高，如分别设置为2 300和12 000。

任务五　楼梯创建

一、任务内容

运用 Revit 软件绘制局部项目——楼梯。

楼梯创建

二、学习目标

（1）掌握 Revit 软件楼梯设置方法；

（2）掌握 Revit 软件编辑楼梯属性的方法；

（3）掌握 Revit 软件创建栏杆扶手的方法；

（4）能够依照楼梯建筑图纸准确绘制楼梯模型；

（5）培养学生规范绘图的职业习惯。

三、任务步骤

【实例5】按照给出的楼梯平、剖面图，创建楼梯模型，并参照题中平面图所示位置建立楼梯剖面模型，栏杆高度为 1 100，栏杆样式不限，结果以"楼梯"为文件保存，其他建模所需尺寸可参考给定的平、剖面图自定，如图 8.61 所示。

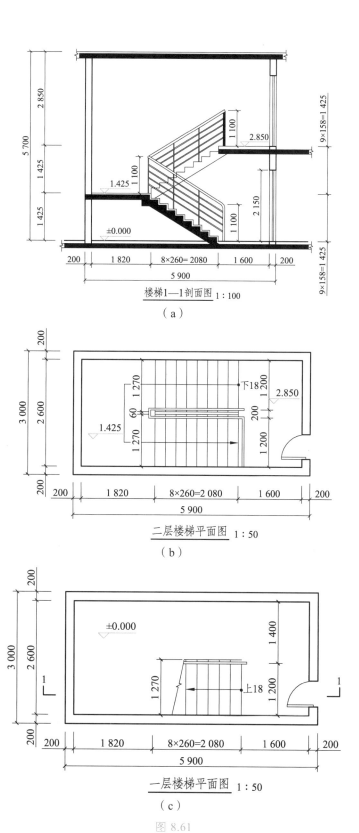

楼梯1—1剖面图 1:100

（a）

二层楼梯平面图 1:50

（b）

一层楼梯平面图 1:50

（c）

图 8.61

1. 创建墙体、楼板

（1）新建项目文件，选择建筑样板。

（2）创建标高：任一立面视图，参照楼梯1—1剖面图，使用标高工具创建如图8.62所示标高。

图 8.62

（3）创建墙体：切换到标高1平面视图，启用"建筑—墙—墙：建筑"工具（墙类型为：基本墙，常规-200 mm），"属性"栏设置顶部约束为"直到标高：标高3"，如图8.63（a）所示，选项栏设置定位线为"面层面：外部"，参照一层楼梯平面图尺寸创建如图8.63（b）所示墙体。

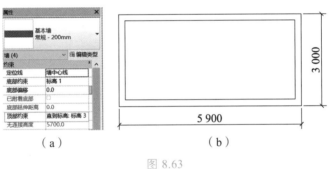

（a）　　　　　　　　　　（b）

图 8.63

（4）创建楼板：切换到标高1平面视图，启用"建筑—楼板—楼板：建筑"工具（楼板类型为：常规楼板-150 mm），沿墙外皮边缘使用矩形绘制工具绘制楼板边界线，点击"完成编辑模式 ✓"，完成标高1处楼板创建。切换至标高3平面视图，用同样的方法完成标高3处楼板创建。

注意： 在标高3平面视图中，如果墙体不可见，在"属性"面板"基线"选项，将"范围：底部标高"设置为"标高1"，如图8.64所示。

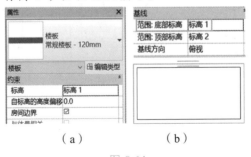

（a）　　　　　　（b）

图 8.64

2. 创建楼梯

（1）参数设置：切换到标高 1 平面视图，"建筑"选项卡，"楼梯坡道"面板选择"楼梯—楼梯（按构件）"，如图 8.65（a）所示，"属性"栏下拉箭头选择"整体浇筑楼梯"，如图 8.65（b）所示；"构件"面板选择"梯段-直梯"，如图 8.65（c）所示；选项栏设置"实际梯段宽度为 1270"，定位线为"梯边梁外侧：左"，如图 8.65（d）所示，属性栏设置底部约束为"标高 1"，顶部约束为"标高 2"，所需踢面数为"18"，实际踏板深度为"260"，如图 8.65（e）所示。

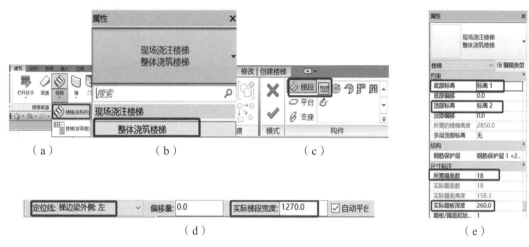

| （a） | （b） | （c） |

| （d） |

| （e） |

图 8.65

（2）绘制楼梯：从距离墙右下内角点起，向左 1 600 处作为楼梯起点，绘制第一个梯段，踏步数为 9 个，转向另一侧绘制第二个梯段。选中楼梯，拖动休息平台控制箭头到墙内边缘线。"构件"面板选择"平台—创建草图"，用矩形绘制楼层平台，点击"完成编辑模式 ✔"，如图 8.66 所示。

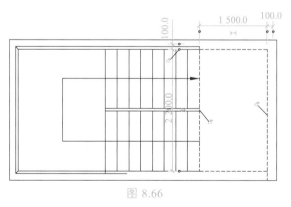

图 8.66

（3）修改栏杆位置：切换到楼层平面-标高 1，选择栏杆，"模式"面板选择"编辑路径"，如图 8.67（a）所示，删除墙边缘的栏杆，参照二层楼梯平面图栏杆位置尺寸调整栏杆路径位置，点击"完成编辑模式 ✔"，如图 8.67（b）所示。

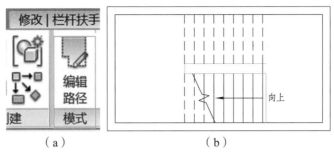

图 8.67

（4）编辑栏杆高度：选中栏杆扶手，属性栏点击"编辑类型"，在类型属性面板中修改顶部扶栏高度为 1100，如图 8.68 所示。

顶部扶栏	
高度	1100.0

图 8.68

3. 创建门

（1）"建筑"选项卡，启动"门"工具，属性栏点击"编辑类型"，在类型属性对话框中，点"复制"按钮，命名为 800×2150，修改门宽度为 800，门高度为 2150，参照楼梯平面图门位置，分别在楼层平面：标高 1 处插入门。

（2）选择插入的门，如图 8.69（a）所示，"剪贴板"面板选择"复制到剪贴板"按钮，"粘贴"下拉箭头选择"与选定的标高对齐"，如图 8.69（b）所示，在弹出的"选择标高"对话框中选择"标高 2"，点"确定"，如图 8.69（c）所示，完成标高 2 处门的插入。完成后效果如图 8.70 所示。

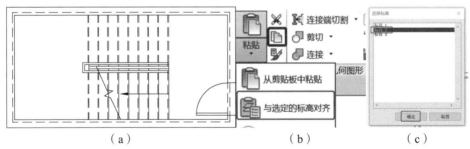

图 8.69

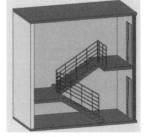

图 8.70

四、任务总结

本次课基于楼梯案例，学习了 Revit 软件中创建楼梯的基本方法，包括楼梯绘制、属性编辑、梯段定位等。

拓展笔记

巩固练习

1. 单选题

（1）在 Revit 中，创建楼梯的第一步通常是（   ）。

    A. 直接绘制踏步形状   B. 确定楼梯的起止位置

    C. 设置楼梯的材质   D. 选择楼梯的类型（如直梯、弧形梯等）

（2）当使用"按构件"方式创建楼梯时，以下哪个不是需要设置的参数？（   ）

    A. 踏步高度   B. 梯段宽度   C. 楼梯扶手的颜色   D. 楼梯的坡度

（3）在 Revit 中，要创建一个弧形楼梯，最合适的创建方式是（   ）。

    A. 按草图创建

    B. 按构件创建

    C. 先创建直梯再通过修改工具调整为弧形

    D. 导入外部弧形楼梯模型

（4）关于 Revit 中楼梯的踏步数设置，以下说法正确的是（   ）。

    A. 只能设置为整数

    B. 可以设置为小数，系统会自动调整踏步高度

    C. 踏步数设置与楼梯的高度和踏步高度无关

    D. 一旦设置好踏步数就无法更改

（5）在 Revit 中，若要使楼梯与楼层平台完美连接，关键要注意以下哪项？（　　）

    A. 楼梯的材质与平台材质相同

    B. 楼梯的高度与平台高度一致

    C. 楼梯的宽度与平台宽度匹配

    D. 楼梯的坡度与平台坡度相同

（6）对于 Revit 中楼梯扶手的创建，以下哪种说法是错误的？（　　）

    A. 扶手可以在创建楼梯时同时生成

    B. 扶手的样式和高度可以单独设置

    C. 扶手只能是直线形状，无法设置为弧形

    D. 可以通过修改扶手属性来调整其材质

（7）在 Revit 中，以下哪个视图最适合用于查看和调整楼梯的三维形状？（　　）

    A. 平面视图   B. 立面视图   C. 三维视图   D. 剖面视图

（8）当在 Revit 中复制楼梯模型用于其他项目时，可能会出现问题的情况是（　　）。

    A. 原楼梯模型所在项目与新项目的单位设置不同

    B. 原楼梯模型是按草图创建的

    C. 原楼梯模型设置了扶手

    D. 原楼梯模型的踏步高度为整数

（9）在 Revit 中，要改变楼梯的运行方向（如从向上变为向下），最便捷的操作是在哪个视图进行？（　　）

    A. 平面视图   B. 立面视图   C. 三维视图   D. 剖面视图

（10）关于 Revit 中楼梯的边界条件设置，以下说法正确的是（　　）。

    A. 边界条件只能设置为与相邻墙体连接

    B. 边界条件不影响楼梯的外观和功能

    C. 可以根据实际情况设置为开放式、封闭式等多种形式

    D. 边界条件设置后就无法更改

2. 判断题

（1）在 Revit 中，所有楼梯都必须通过按草图创建的方式来完成建模。（　　）

（2）一旦在 Revit 中设置了楼梯的踏步高度，就无法再更改了。（　　）

（3）楼梯的扶手在 Revit 中只能跟随楼梯一起创建，不能单独创建。（　　）

（4）在 Revit 中，楼梯的材质设置对楼梯的结构性能没有任何影响。（　　）

（5）要在 Revit 中创建一个螺旋楼梯，就必须使用专门的螺旋楼梯插件。（　　）

3. 操作题

请根据图 8.71 所示创建楼梯与扶手，楼梯构造与扶手样式如图所示，顶部扶手为直径 40 mm 圆管，其余扶栏为直径 30 mm 圆管，栏杆扶手的标注均为中心间距。

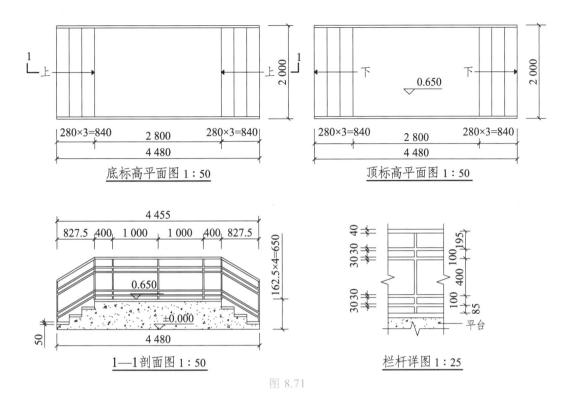

底标高平面图 1:50

顶标高平面图 1:50

1—1剖面图 1:50

栏杆详图 1:25

图 8.71

参考答案：

1. 单选题

（1）B　　（2）C　　　（3）A　　（4）B　　　（5）B

（6）C　　（7）C　　　（8）A　　（9）A　　　（10）C

2．判断题

（1）×　　　（2）×　　　（3）×　　　（4）×　　　（5）×

3．操作题

操作提示：

（1）新建——建筑样板，进入任意立面，将默认的 4.000 标高修改为 0.650。

（2）建筑选项卡-楼梯，选择整体浇筑楼梯，将实际梯段宽度改成 2000，依据图纸，绘制左侧梯段，绘制参照平面，使用镜像工具，镜像出右侧梯段（见图 8.72）。

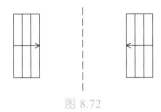

图 8.72

（3）点击平台，用"拾取两个梯段"，选择左右两侧的梯段，自动生成平台。

（4）进入三维视图，选中楼梯，点击修改选项卡-编辑楼梯，选中梯段，点击属性面板-编辑类型，勾选踏板属性；选中楼梯，点击属性面板-编辑类型，复制梯段类型，将梯段类型改成 650 mm 结构深度；复制平台类型，整体厚度改成 650。

（5）选中栏杆，点击属性面板-编辑类型，扶栏结构（非连续）-编辑，扶栏 1 高度改为 85，扶栏 2 高度改为 185，扶栏 3 高度改为 584，扶栏 4 高度改为 685，确定；扶栏位置-编辑，将对齐设置为中心。

项目九

BIM 建模——综合项目

任务一 项目建模——小别墅

综合项目建模主要任务内容为：根据给出的一套小型建筑图纸，按照图纸给出的构件定位信息及参数要求，进行该建筑包括标高、轴网、柱、墙体、门、窗、楼板、屋顶、台阶、散水、坡道、楼梯、栏杆、扶手等主要构件在内的完整信息模型创建并进行相应的成果输出。综合建模主要构件的基本创建操作我们在之前的项目已经做过介绍，在本项目我们将以"1+X"真题的典型案例小别墅为讲解基础，提炼考点，解析建模思路，演示建模操作，总结绘制技巧，提高做题效率。

一、任务内容

（1）根据给出的图纸，运用 BIM 建模软件创建小别墅 BIM 建筑模型，包括标高、轴网、柱、墙、门、窗、楼板、屋顶、台阶、散水、楼梯、阳台栏杆等构件；

（2）按照要求，根据创建出的小别墅 BIM 建筑模型输出项目门明细表、窗明细表、图纸、项目整体渲染图等成果文件。

二、学习目标

（1）熟悉 BIM 建模软件中建筑构件的创建操作；

（2）能够运用 BIM 建模软件，根据给定的图纸，创建 BIM 建筑模型；

（3）能够运用 BIM 建模软件，根据需求，输出项目门明细表、窗明细表、图纸、项目整体渲染图及室内漫游视频等成果文件；

（4）培养学生严谨的学习态度，以及分析问题、解决问题、团队合作的能力。

三、任务步骤

1. 综合建模环境设置

（1）新建项目，在打开的项目界面里，点击【管理】面板，选择【项目信息】，进入项目信息编辑模式，如图 9.1 所示。

图 9.1　新建项目

（2）在项目信息编辑模式下，在【项目名称】后面的空白处输入"小别墅"；在【项目发布日期】后面的空白处输入"2020 年 11 月 26 日"；在【项目地址】后面的空白处输入"中国北京"，点击【确定】，完成编辑，如图 9.2 所示。

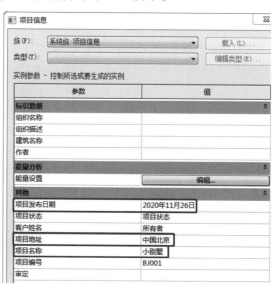

图 9.2　项目信息编辑模式

（3）点击【文件】，选择其中的【选项】。在打开的选项面板中选择【常规】及【图形】选项，根据需要，设置保存提醒间隔时间，设置建模背景颜色、对象选择颜色等。

2. BIM 参数化建模

（1）创建标高。

识读 1-7 轴立面图，得知室外地坪（场地）标高为 – 0.450 m，一层标高为 ± 0.000 m，二层标高为 3.000 m，三层标高为 6.000 m，屋顶标高为 9.500 m，场地、一层、二层、三层层高分别为 0.450 m、3.000 m、3.000 m、3.500 m，如图 9.3 所示。

标高创建

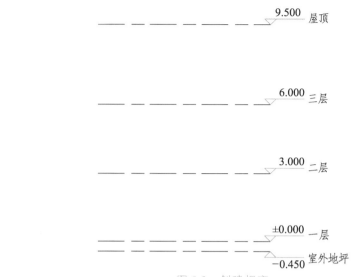

图 9.3　创建标高

双击【项目浏览器】面板中的立面视图"南",进入南立面,用【建筑】选项中的【标高】工具依次创建相应标高,分别命名为室外地坪、一层、二层、三层、屋顶。

(2)创建轴网。

识读一层平面图,得知横向轴线 1-7 号轴线之间的轴间距分别为 2 445、1 455、2 400、4 800、2 400、1 200,纵向轴线 A-G 号轴线之间的轴间距分别为 2 850、1 800、3 300、2 100、2 700、1 200,如图 9.4 所示。

轴网创建

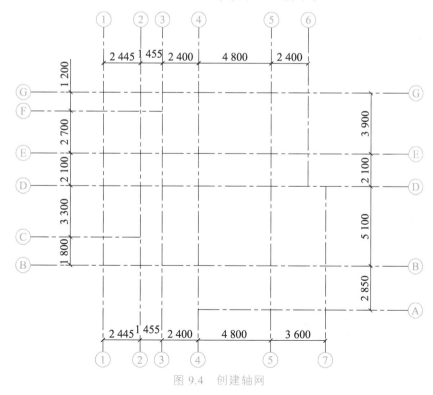

图 9.4　创建轴网

双击【项目浏览器】面板中的平面视图"一层"，进入首层平面视图，点击【建筑】选项中的【轴网】工具，依次创建横向及纵向轴线，并进行注释尺寸标注。

（3）创建柱。

阅读题目说明及识读一层平面图，得知本项目中所有柱体尺寸均为 300×300，柱中心定位于各轴网交点。

点击【结构】选项中的【柱】工具。在弹出的属性面板中，点击【编辑类型】。在弹出的【类型属性】中选择【载入】—【结构】—【柱】—【混凝土】—【混凝土-矩形-柱】，以载入"混凝土矩形柱"族类型。以此族新建"别墅柱"类型，设置宽度 b、深度 h 均为 300 mm，材质为混凝土。

点击【属性】面板下拉箭头，选择新建的【别墅柱】，设置底部标高为首层，设置顶部标高为二层。依次根据图纸中的柱所在的轴网交点单击放置柱，完成一层所有柱体的创建，如图 9.5 所示。

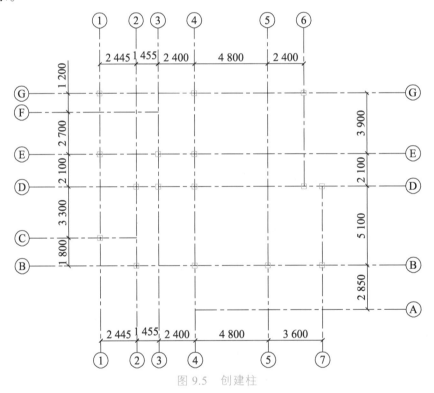

图 9.5　创建柱

（4）创建墙体。

识读题目说明及各层平面图，得知本项目中外墙为 350 厚，墙体材料为 10 厚灰色涂料、30 厚泡沫保温板、300 厚混凝土砌块、10 厚白色涂料；内墙为 240 厚，墙体材料为 10 厚白色涂料、220 厚混凝土砌块、10 厚白色涂料。墙体均沿轴线对称。

点击【建筑】选项中的【墙】工具，选择"墙-建筑"。在弹出的属性面板中，点击【编辑类型】，新建"外墙-350 mm"，编辑结构，设置为 10 厚灰色涂料、30 厚泡沫保温板、300 厚混凝土砌块、10 厚白色涂料"。用同样的方法创建"内墙-240 mm"，结构设置为 10 厚白色涂料、220 厚混凝土砌块、10 厚白色涂料，如图 9.6（a）（b）所示。

属性面板中，设置底部约束为一层，顶部约束为二层，对照一层平面图，绘制完成所有外墙，完成后如图 9.6（c）（d）所示。

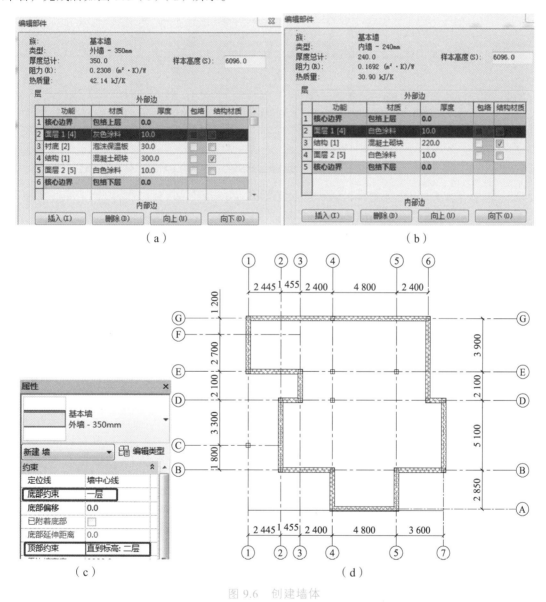

图 9.6　创建墙体

属性面板中，切换墙体类型为"内墙-240"，设置底部约束为一层，顶部约束为二层，对照一层平面图，完成所有内墙绘制，绘制完成效果如图 9.7 所示。

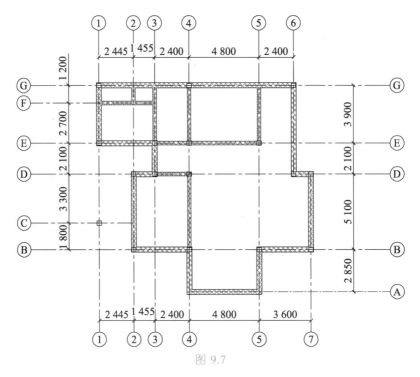

图 9.7

（5）创建门。

识读题目说明及图纸中的门窗表，按照门窗表规定的门类型及编号、尺寸，创建相应门，M0821 基于门族"单开门"创建，M1221、M1521 基于门族"双开门"创建，M2520 需基于门族"卷帘门"创建。

首层门创建

点击【建筑】中的【门】工具，"属性"栏点"编辑类型"，打开"类型属性"对话框，点击"载入"—"建筑"—"门"—"普通门"—"平开门"—"单扇"—选择一种合适的门样式—"打开"，载入需要的门族。点击"复制"，修改门名称为"M0821"，门宽度为 800，高度为 2100，类型标记为"M0821"。用同样的方法创建 M1221、M1521、M2520，如图 9.8 所示。

（a） （b）

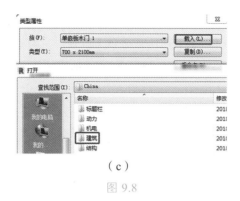

（c）

图 9.8

对照一层平面图，依次将普通门 M0821、M1521、M1221、M2520 放置在墙体相应位置，如图 9.9 所示。

图 9.9

（6）创建窗。

创建窗的方式与门类似。识读题目说明及图纸中的门窗表，点击【建筑】中的【窗】工具，按照门窗表规定的窗类型及编号、尺寸，创建相应窗。窗族选择"组合窗-双层单列（推拉+固定+推拉）"。对照一层平面图，依次将推拉窗 C1518、C2424 放置在墙体相应位置，如图 9.10（a）所示。

首层窗创建

切换至三维视图，鼠标框选项目所有构件，利用【过滤器】工具筛选出所有窗构件，在【属性面板】中修改所有窗"底高度"为 900。之后用类似方法，将 1-7 轴立面图中的窗 C2424 底高度修改为 200。将 5 轴与 6 轴间的窗 C1518 底高度修改为 2300，并进入立面视图修改墙体轮廓，如图 9.10（b）所示。

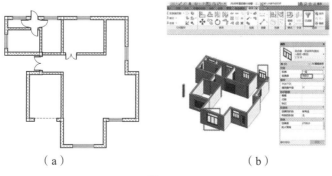

（a）　　　　　　　（b）

图 9.10

（7）创建楼板。

启用【建筑】中的【楼板】——【楼板：建筑】工具，新建楼板类型"楼板 150 厚"，对照一层平面图编辑楼板轮廓，打钩确认完成楼板创建，如图 9.11 所示。

首层楼板创建

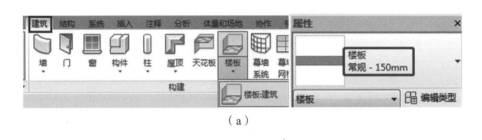

（a）

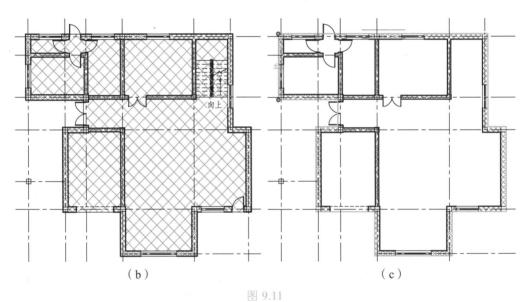

（b）   （c）

图 9.11

（8）创建楼梯。

识读一层、二层、三层楼梯详图及 1-1 楼梯剖面图可知，本项目中楼梯总宽度为 2105，梯段宽度为 1030，踏板深度为 250，平台宽度为 1300，梯段结构深度为 150。

首层楼梯创建

切换至"首层"平面视图，点击【建筑】中的【楼梯】工具，选择【楼梯（按构件）】。在属性面板中选择"整体浇筑楼梯"，新建楼梯类型，命名为"别墅楼梯"。在选项栏中，设置定位线为"梯段-右"，设置实际梯段宽度为1030。在"属性"面板中将"所需踢面数"改为20（上行段踢面数、下行段踢面数均为10），"实际踏板深度"改为250，设置底部标高为"一层"，顶部标高为"二层"。"构件"面板选择"梯段-直梯"，在平面图对应位置绘制楼梯，点"完成编辑模式"，如图 9.12 所示。

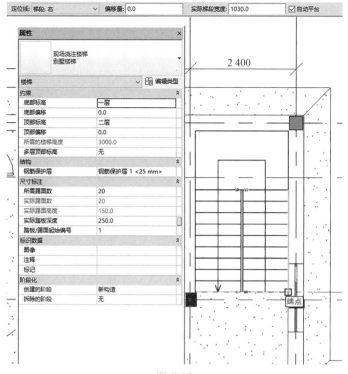

图 9.12

（9）创建小别墅二层、三层。

进入立面视图-南，利用鼠标采用框选的方式选中一层所有图元，使用【剪贴板】中的【复制】，复制所有图元，选择【粘贴】下拉选项中的"与选定的标高对齐"，在弹出的"选择标高"对话框中选择二层和三层，将一层复制到二层和三层。对照二层平面图和三层平面图，创建或修改墙体、门、窗、楼板、柱等构件，如图 9.13 所示。

二层模型创建

三层模型创建

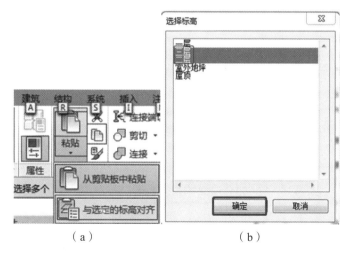

（a）　　　　　　　（b）

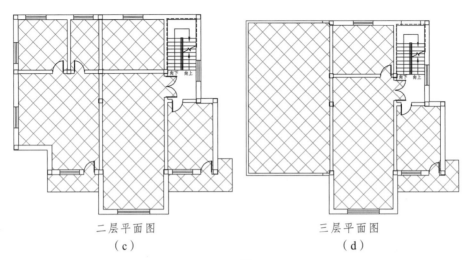

二层平面图　　　　　　　　　　三层平面图
（c）　　　　　　　　　　　　（d）

图 9.13

（10）创建屋顶。

识读屋顶平面图可知，屋顶轮廓距离 A 轴线为 275，距离其余尺寸定位轴线为 675，也就是距离外墙外边沿 500。点击【建筑】中的【屋顶】工具，选择迹线屋顶进入屋顶轮廓编辑状态。"选项栏"设置悬挑为 500，如图 9.14 所示。

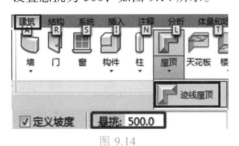

屋顶模型创建

图 9.14

"属性"栏点"编辑类型"，复制"常规-400 mm"屋顶，重命名为"屋顶-125 mm"，点"编辑"按钮，在"编辑部件"对话框中修改屋顶厚度，设置材质，如图 9.15 所示。

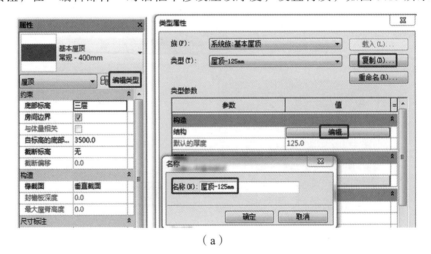

（a）

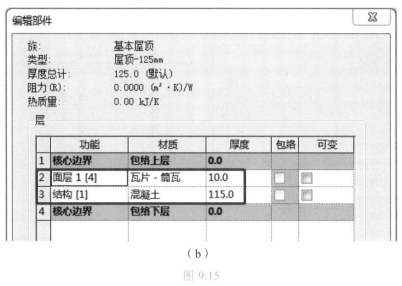

（b）

图 9.15

【绘制】面板中使用【拾取线】工具，依次拾取相应外墙外边线，完成屋顶轮廓编辑，如图 9.16 所示。

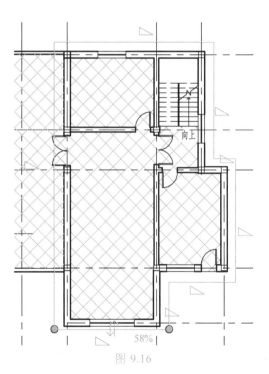

图 9.16

选中屋顶成坡的相应轮廓线，在"属性"面板中勾选"定义屋顶坡度"选项，坡度定义方式在【管理】面板【项目单位】中设置为"百分比"，将题目中要求的 45% 坡度比填入"坡度"后的空白处，选择图 9.17 中右边的迹线，属性栏中去掉"定义屋顶坡度"勾选，点"完成编辑模式"。

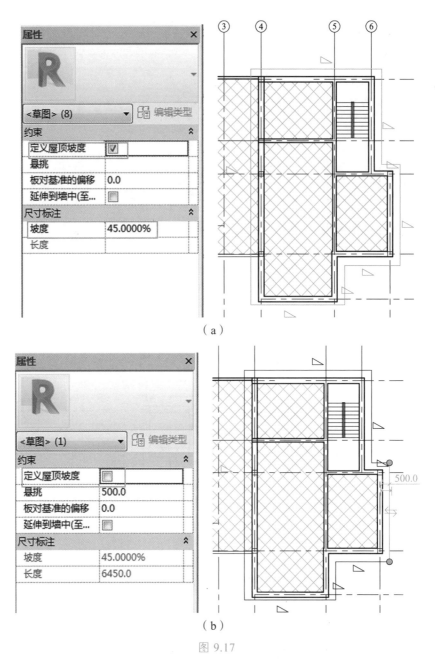

（a）

（b）

图 9.17

将三层墙体及柱连接至屋顶。切换至三维视图，选择三层所有墙体，选择【修改墙】中【附着顶部/底部】工具，之后点击屋顶，使所有三层墙体连接至屋顶。用同样的操作，将柱连接至屋顶，如图 9.18 所示。

（11）创建台阶、散水、坡道、阳台。

识读项目图纸可知，在别墅南侧入户门 M0821 及西侧入户门 M1521 处各有两个三级转角台阶，别墅南侧卷帘门 M2520 处及北侧入户门 M0821 处有两处坡道，二层西南角、东南角、三层东南角各有一处阳台，其余外墙处均设有宽度为 600、厚度为 50 的散水，如图 9.19 所示。

图 9.18

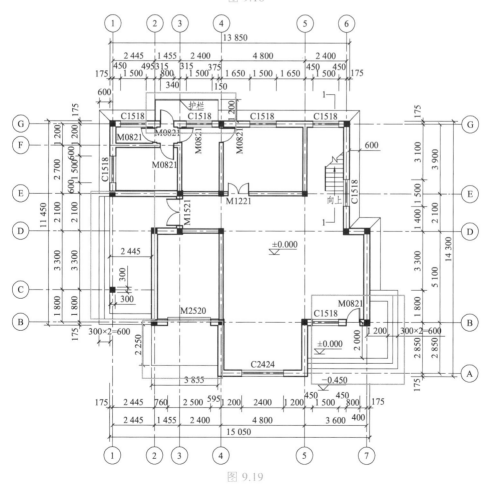

图 9.19

281

切换到一层平面图，选择一层所有外墙，在"属性"栏，将底部偏移改为"－450"，延伸一层外墙到室外地坪，如图 9.20 所示。

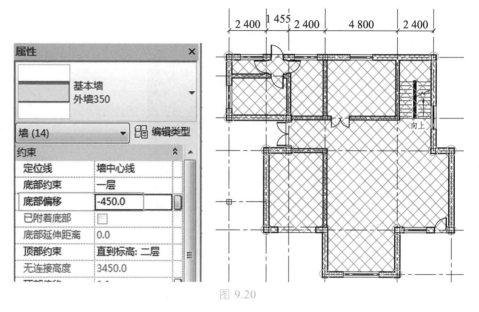

图 9.20

① 创建东南角台阶。

台阶的绘制可由项目中的内建模型创建，也可以使用楼板创建，东南角台阶使用内建模型创建。

台阶创建

切换到一层平面图，选择【建筑】——【构件】——【内建模型】，在弹出的"族类别和族参数"中选择【常规模型】，命名为"台阶1"，使用【参照平面】按照一层平面图给的台阶的位置尺寸绘制辅助线。启用【创建】——【拉伸】工具，使用直线工具绘制最上面一层台阶平面边界线，并在"属性"栏设置拉伸起点和拉伸终点分别为"0"和"－150"，点"完成编辑模式"。用同样的方法绘制台阶的第二阶，"属性"栏设置拉伸起点和拉伸终点分别为"－150"和"－300"，点"完成编辑模式"。再绘制台阶的第一阶，"属性"栏设置拉伸起点和拉伸终点分别为"－300"和"－450"，点"完成编辑模式"。完成东南角台阶绘制，如图 9.21 所示。

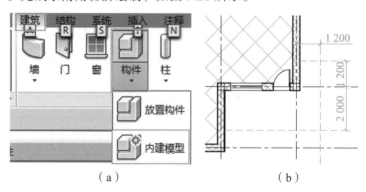

（a）　　　　　　　　（b）

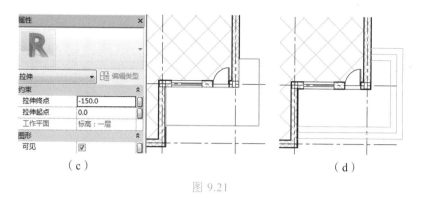

（c）　　　　　　　　　　　　　　　（d）

图 9.21

② 创建西侧台阶。

西侧台阶使用楼板工具绘制。启用【建筑】中的【楼板】—【楼板：建筑】工具，新建楼板类型为"楼板 150 厚"，绘制最上一层台阶边界，并在"属性"栏设置标高为"室外地坪"，自目标高度偏移"450"，点"完成编辑模式"。用同样的方法绘制台阶的第二阶，"属性"栏设置标高为"室外地坪"，自目标高度偏移"300"，点"完成编辑模式"。再绘制台阶的最下阶，"属性"栏设置标高为"室外地坪"，自目标高度偏移"150"，点"完成编辑模式"。完成西侧台阶绘制，如图 9.22 所示。

西侧台阶创建

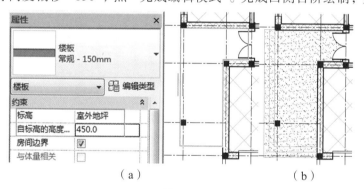

（a）　　　　　　　　　　　　　　　（b）

图 9.22

③ 创建南侧坡道。

选择【建筑】—【构件】—【内建模型】，在弹出的"族类别和族参数"中选择【常规模型】，命名为"坡道 1"，使用【参照平面】按照一层平面图给的台阶的位置尺寸绘制辅助线。启用【创建】—【放样】工具，绘制如下路径，点"完成编辑模式"，点"编辑轮廓"，在弹出的"转到视图"对话框中选择"西立面视图"，绘制如下台阶轮廓，点"完成编辑模式"，完成坡道绘制，如图 9.23 所示。

南侧坡道创建

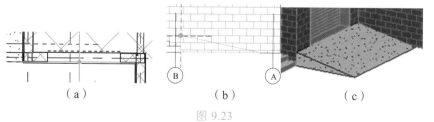

（a）　　　　　　　　（b）　　　　　　　　（c）

图 9.23

④ 创建北侧坡道。

使用参照平面按照一层平面图绘制图 9.24 辅助线。启动【建筑】—【坡道】工具，"属性"栏设置底部标高为"室外地坪"，顶部标高设置为"一层"，参照绘制的辅助线，绘制并调整坡道边界线和坡道方向线，点"完成编辑模式"，切换到三维视图，删除自动生成的栏杆扶手，使用【栏杆扶手】工具，重新绘制栏杆。完成效果如图 9.24（e）所示。

北侧坡道创建

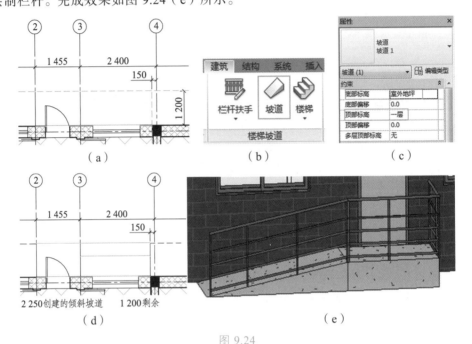

图 9.24

⑤ 创建散水。

识读一层平面图可知散水宽度为 600，厚度为 50。选择【建筑】—【构件】—【内建模型】，在弹出的"族类别和族参数"中选择【常规模型】，命名为"散水"。启用【创建】—【放样】工具，绘制如下路径，点"完成编辑模式"，点"编辑轮廓"，在弹出的"转到视图"对话框中选择"东立面视图"，绘制如下台阶轮廓，点"完成编辑模式"，完成东北侧散水绘制。用同样的方法创建其他散水，如图 9.25 所示。

散水创建

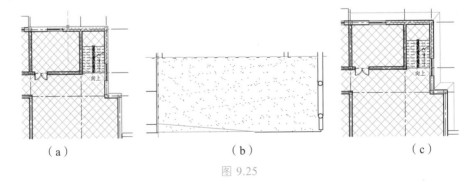

图 9.25

⑥ 创建阳台。

阳台通常由阳台底板及阳台栏杆组成。识读文字说明及二层平面图得到阳台底板的定位尺寸信息，阳台底板厚度为 150 mm。进入二层平面视图，根据识读信息，利用【楼板】工具创建阳台底板，如图 9.26（a）所示。识读文字说明及立面图得到阳台栏杆的造型及尺寸信息，阳台栏杆高度为 900 mm，除顶部扶栏外无其他横向扶栏，竖向栏杆之间间距为 300 mm。进入二层平面视图，根据识读信息，利用【栏杆扶手】工具创建阳台栏杆，如图 9.26（b）所示。利用【剪贴板】工具将创建好的二层阳台复制粘贴到其他楼层。

阳台栏杆创建

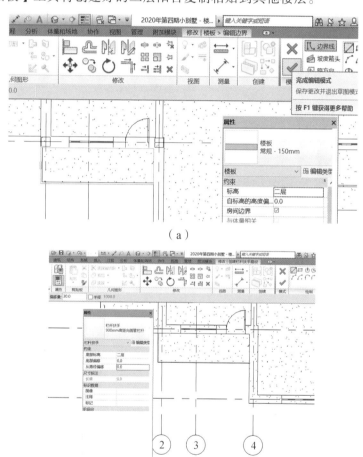

（a）

（b）

图 9.26

（12）创建门、窗明细表。

选择【视图】—【明细表】—【明细表/数量】工具，打开"新建明细表"对话框，"类型"列表选择"门"，点"确定"，打开"明细表属性"对话框，在"可用字段列表"依次将"类型标记、宽度、高度、合计"字段添加到"明细表字段"列表里。点"确定"，完成门明细表创建。用同样的方法创建窗明细表，如图 9.27 所示。

项目门、窗明细表创建

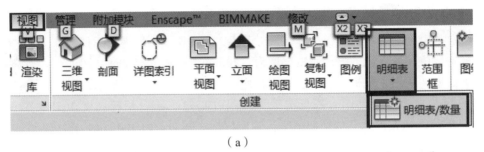

（a）

新建明细表

过滤器列表：建筑 ▼

类别(C)：

----结构框架
----结构梁系统
----结构连接
----结构钢筋
----结构钢筋接头
----详图项目
⊞--轴网
----部件
----门
----面积（人防分区面积）
----面积（净面积）
----面积（总建筑面积）
----面积（防火分区面积）

名称(N)：

门明细表

◉ 建筑构件明细表(B)
○ 明细表关键字(K)
    关键字名称(E)：

阶段(P)：

新构造 ▼

确定   取消   帮助(H)

（b）

明细表属性

字段 | 过滤器 | 排序/成组 | 格式 | 外观

选择可用的字段(F)：

门 ▼

可用的字段(V)：

功能
厚度
可见光透过率
图像
宽毛元高成度
底高度
成本
拆除的阶段
操作
族
族与类型
日光得热系数
构造类型
标记

明细表字段（按顺序排列）(S)：

类型标记
宽度
高度
合计

☐ 包含链接中的图元(N)

确定   取消   帮助

（c）

<门明细表>			
A	B	C	D
类型标记	宽度	高度	合计
M0821	800	2100	13
M1221	1200	2100	1
M1521	1500	2100	3
M2520	2500	2000	1

（d）

图 9.27

（13）创建一层平面图纸。

在"项目浏览器"中的图纸上，点鼠标右键，选择"新建图纸"，在弹出的"新建图纸"对话框，选择"A3 公制"，点"确定"，将"项目浏览器"中的一层平面图拖动到已创建的 A3 公制图框中。

项目一层平面图纸创建

（14）模型渲染。

切换到三维视图，选择【视图】—【渲染】工具，打开"渲染"对话框，按题目要求，"方案"选择"日光和人造光"，样式选择"天空：少云"，点"渲染"按钮；完成模型渲染，如图 9.28 所示。

模型渲染

图 9.28

四、任务总结

在本项目我们以"1+X"真题的典型案例小别墅为讲解基础，解析了建模思路，演示了建模操作。实际建模工作中，我们要结合遇到的问题，灵活运用 BIM 建模软件的各项功能解决问题，提高建模效率。例如，若遇到高层建筑建模，常涉及重复创建多个相同层高标高的情况，比如标准层标高的创建。这时我们可以用复制或阵列工具批量创建标高来提高建模效率。若遇到各平面视图中轴网不相同的情况，可以进入需要修改的视图，选中需要修改的轴线，点击轴线端点附近的"3D"，将轴线切换为二维范围，这样就可以只在当前视图修改轴网，不会影响到其他视图中的轴网。若遇到建模软件自带族库中没有的异形柱、门、窗族，需要自建族。自建族时可以在构件坞、族库大师、橄榄山云管家等族库网站下载近似的族文件，在其基础上修改，提高建模效率。

拓展笔记

_____

_____

_____

_____

_____

巩固练习

操作题

（1）根据附录二给出的办公楼图纸，运用 BIM 建模软件创建办公楼 BIM 建筑模型，包括标高、轴网、柱、墙、门、窗、楼板、楼梯、屋顶、幕墙、栏杆、台阶、散水等构件。

（2）按照要求，根据创建出的办公楼 BIM 建筑模型输出项目门明细表、窗明细表、首层图纸及项目整体渲染图等成果文件。

参考答案：

操作提示：

（1）项目标高、轴网创建，详情可见操作演示视频。

（2）项目首层柱、墙创建，详情可见操作演示视频。

（3）项目首层门、窗创建，详情可见操作演示视频。

（4）项目首层楼板、楼梯创建，详情可见操作演示视频。

（5）项目二层及屋顶创建，详情可见操作演示视频。

（6）项目幕墙、栏杆创建，详情可见操作演示视频。

（7）项目台阶、散水创建，详情可见操作演示视频。

（8）项目成果文件创建，详情可见操作演示视频。

办公楼建模视频

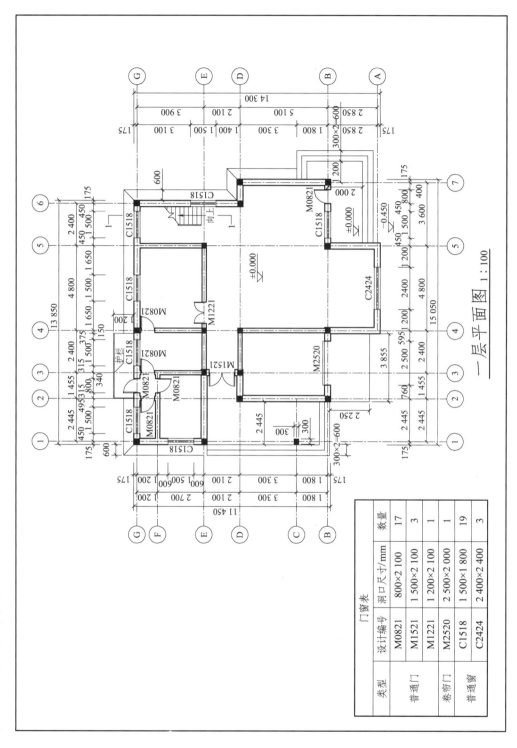

一层平面图 1:100

门窗表

类型	设计编号	洞口尺寸/mm	数量
普通门	M0821	800×2 100	17
	M1521	1 500×2 100	3
	M1221	1 200×2 100	1
卷帘门	M2520	2 500×2 000	1
普通窗	C1518	1 500×1 800	19
	C2424	2 400×2 400	3

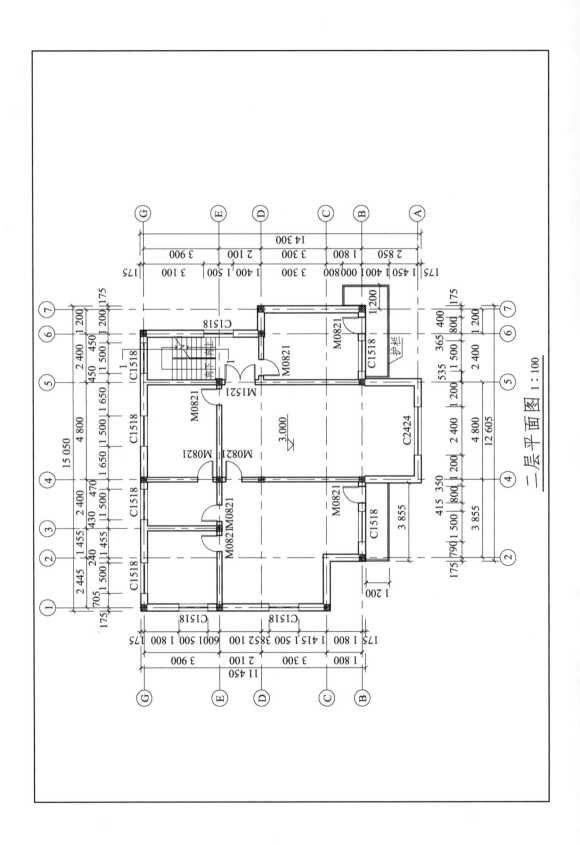

二层平面图 1:100

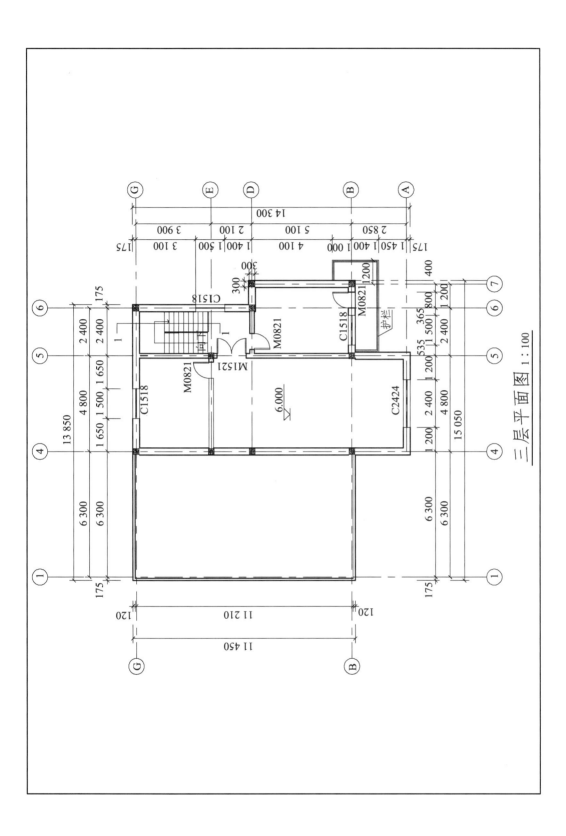

三层平面图 1:100

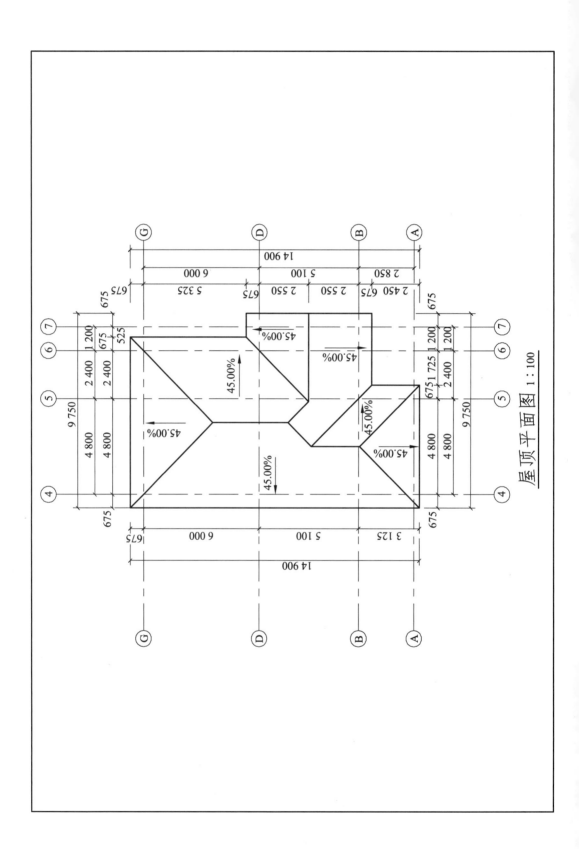

屋顶平面图 1 : 100

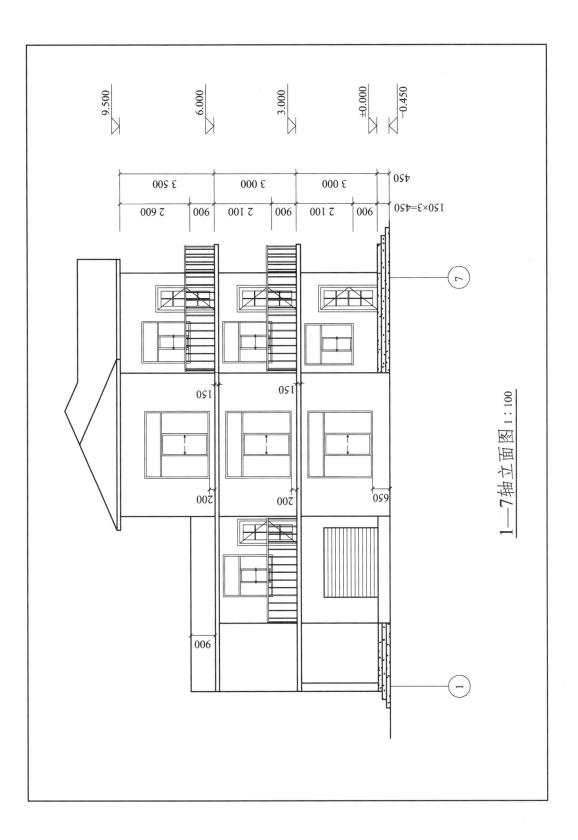

1—7轴立面图 1:100

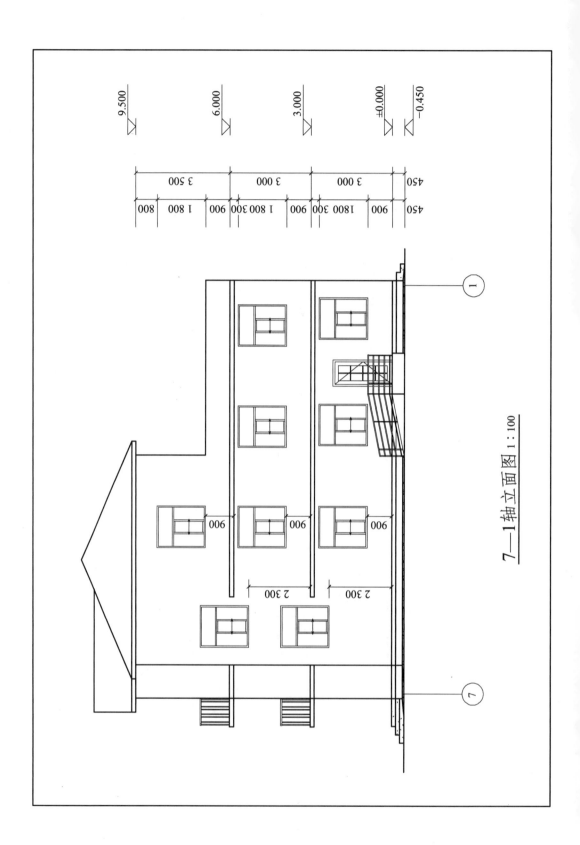

7—1轴立面图 1:100

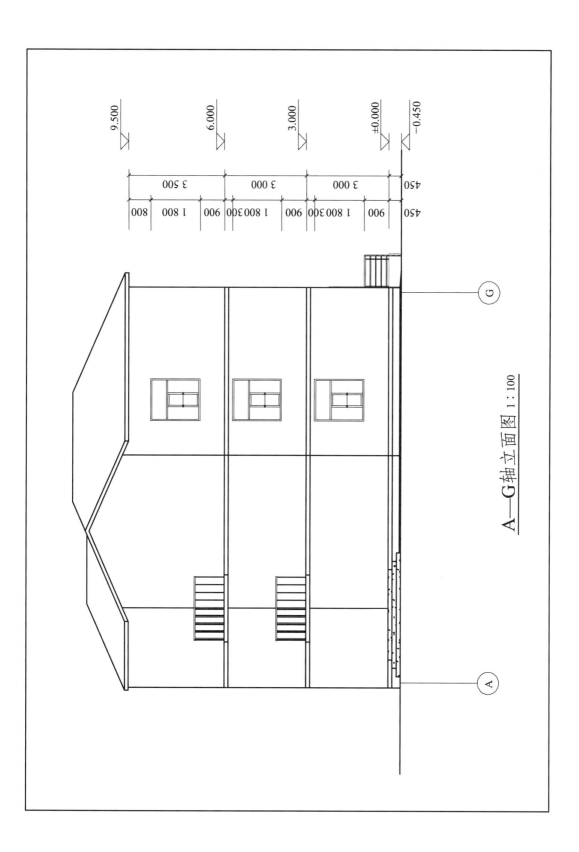

A—G轴立面图 1:100

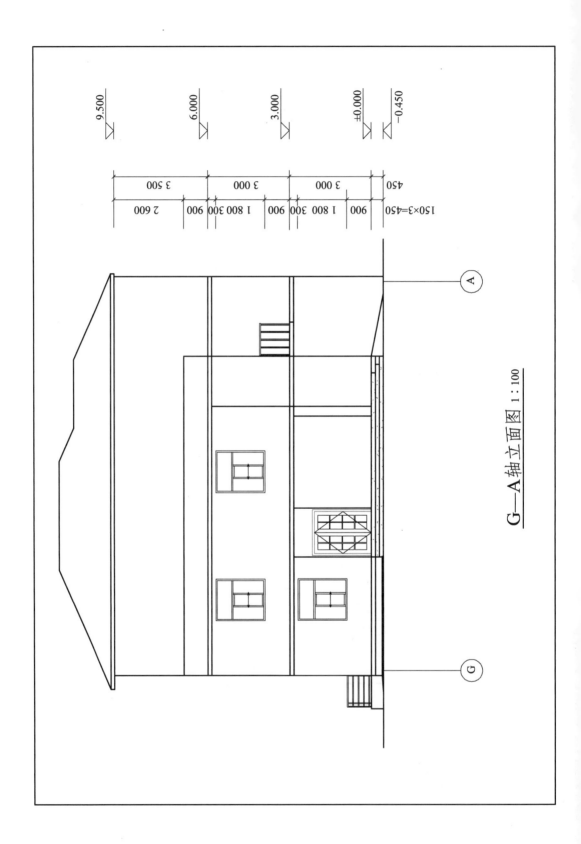

G—A轴立面图 1：100

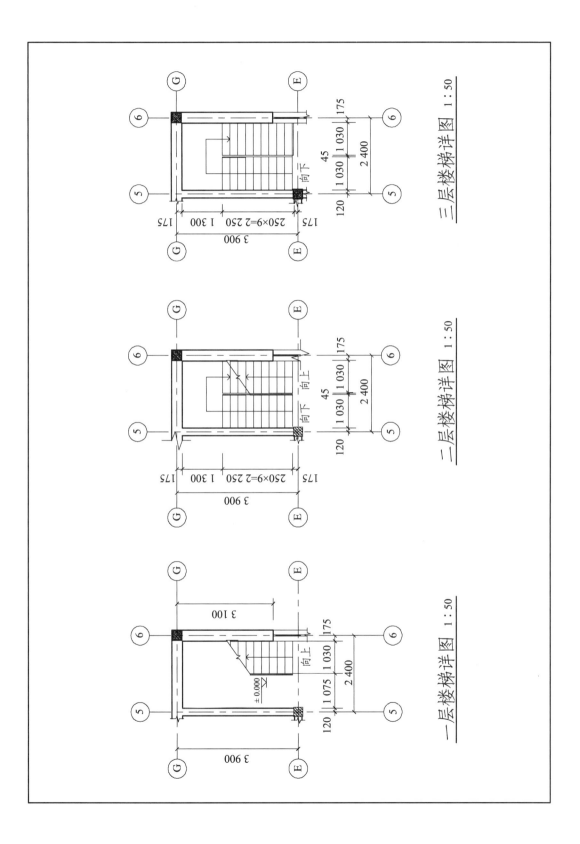

三层楼梯详图 1：50

二层楼梯详图 1：50

一层楼梯详图 1：50

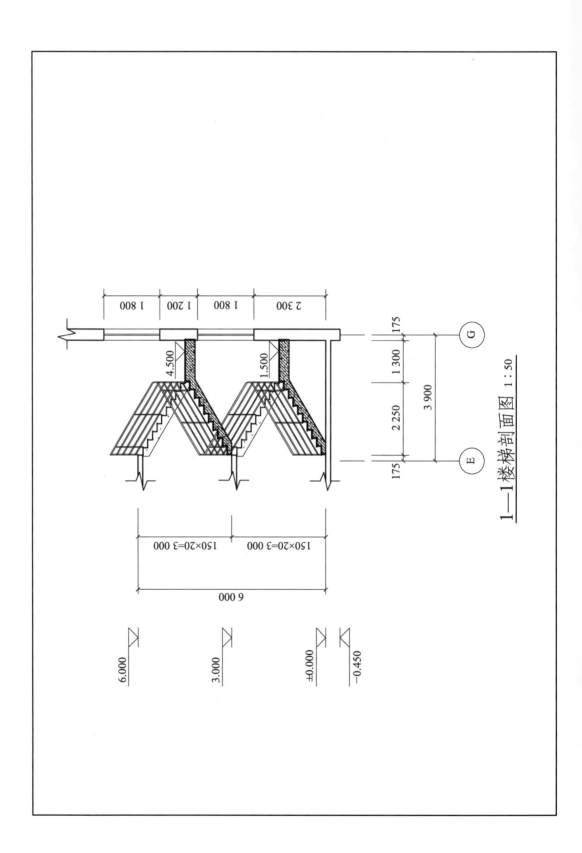

1—1楼梯剖面图 1:50

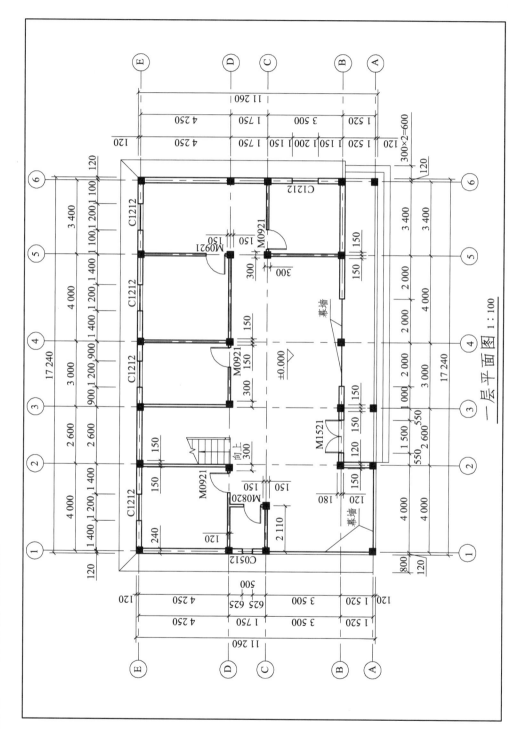

一层平面图 1:100

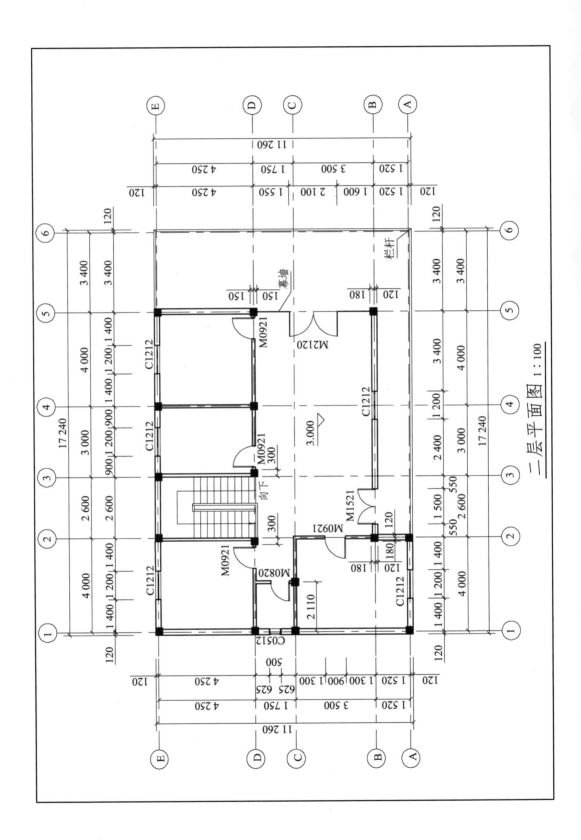

二层平面图 1:100

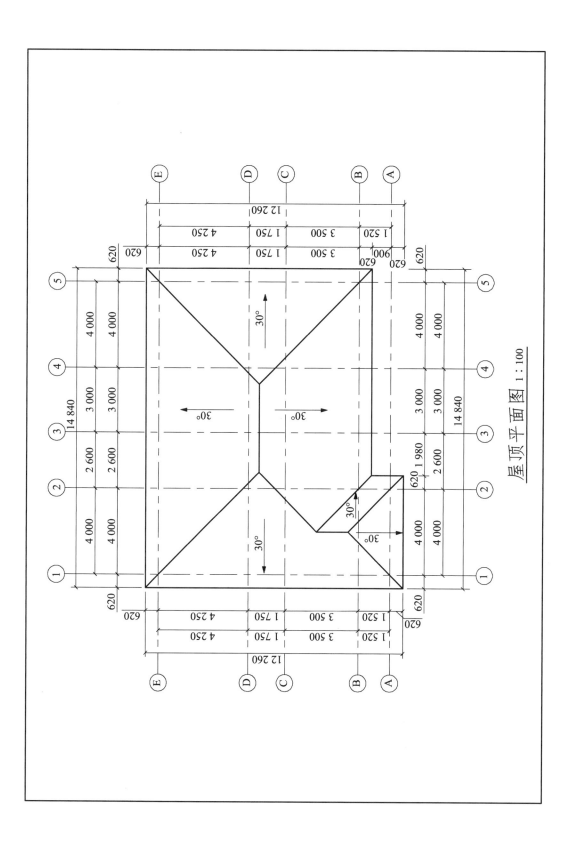

屋顶平面图 1：100

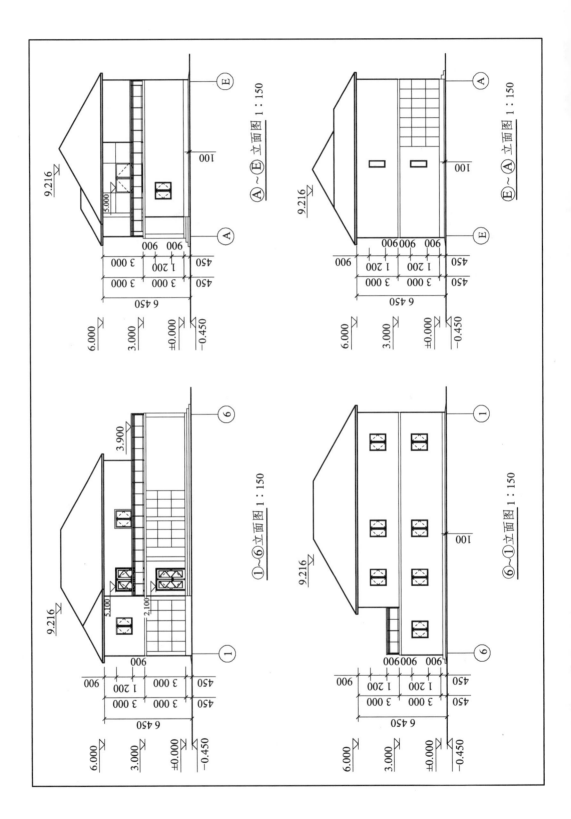

①~⑥立面图 1：150

⑥~①立面图 1：150

Ⓐ~Ⓔ立面图 1：150

Ⓔ~Ⓐ立面图 1：150

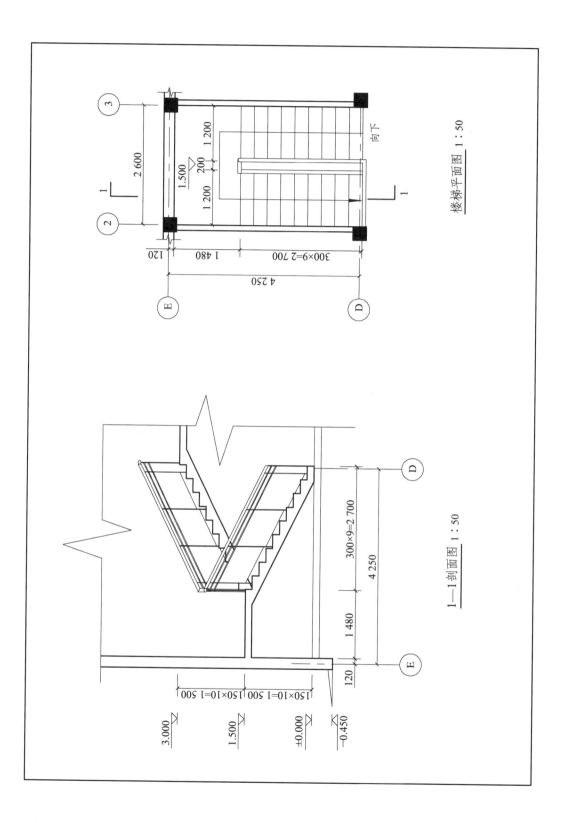

楼梯平面图 1:50

1—1剖面图 1:50

303

附录三 AutoCAD 常用功能键

快捷键	功能	快捷键	功能
F1	HELP（帮助）	CTRL + B	捕捉模式,同 F9
F2	文本窗口	CTRL + C	复制内容到剪切板
F3	对象捕捉	CTRL + F	对象捕捉，同 F3
F7	栅格显示	CTRL + G	栅格显示，同 F7
F8	正交模式	CTRL + L	正交模式，同 F8
F9	捕捉模式	CTRL + N	新建文件
F10	极轴追踪	CTRL + O	打开旧文件
F11	对象捕捉追踪	CTRL + P	打印输出
CTRL + 1	特性	CTRL + Q	退出 AutoCAD
CTRL + 2	设计中心	CTRL + S	快速保存
CTRL + 3	工具选项板	CTRL + U	极轴追踪，同 F10
CTRL + A	选择全部对象	CTRL + V	从剪切板粘贴

参考文献

[1] 张阿玲，刘耀芳. 建筑 CAD 应用教程[M]. 大连：大连理工大学出版社，2022.

[2] 曾建仙，李俐勋，刘干朗. 计算机绘图与 BIM 建模[M]. 北京：清华大学出版社，2020.

[3] 曾浩，王小梅，唐彩虹. BIM 建模与应用教程[M]. 北京：北京大学出版社，2019.

[4] 吴美琼，廖俊文. BIM 技术应用[M]. 南京：南京大学出版社，2021.

[5] 张燕，石亚勇. AutoCAD 建筑设计与绘图[M]. 南京：南京大学出版社，2021.